高职高专计算机类专业系列教材

信息技术基础实践教程

主编　左靖　田杰　曾永和

西安电子科技大学出版社

内容简介

本书运用通俗易懂的语言、生动翔实的操作案例、精挑细选的实用技巧,指导学生快速掌握计算机基本操作技能。

全书共 6 章,主要内容涉及计算机与信息技术的基本概念,设置和使用 Windows 10 操作系统,文字处理软件 Word 2016、电子表格软件 Excel 2016、演示文稿软件 PowerPoint 2016 的使用方法以及网络基础知识。每章设置有若干个典型实验,每个实验都包含实验目的、实验内容和实验步骤等,在一些实验之后还给出了相应的思考题,方便学生进一步巩固知识点。

本书可以作为高职高专院校信息技术基础的上机实践教材。

图书在版编目(CIP)数据

信息技术基础实践教程 /左靖,田杰,曾永和主编. —西安:西安电子科技大学出版社,2022.3

ISBN 978-7-5606-6266-4

Ⅰ. ①信… Ⅱ. ①左… ②田… ③曾… Ⅲ. ①电子计算机—教材—Ⅳ. ① TP3

中国版本图书馆 CIP 数据核字(2021)第 234817 号

策划编辑 杨丕勇 刘小莉
责任编辑 吴祯娥 杨丕勇
出版发行 西安电子科技大学出版社(西安市太白南路 2 号)
电　　话 (029)88202421　88201467　　　　邮　　编　710071
网　　址 www.xduph.com　　　　　　　电子邮箱　xdupfxb001@163.com
经　　销 新华书店
印刷单位 西安创维印务有限公司
版　　次 2022 年 3 月第 1 版　2022 年 3 月第 1 次印刷
开　　本 787 毫米×1092 毫米　1/16　印 张　9
字　　数 204 千字
印　　数 1～4000 册
定　　价 23.00 元

ISBN 978-7-5606-6266-4/TP

XDUP 6568001-1

如有印装问题可调换

前　言

随着信息技术的飞速发展，计算机在人类社会的各个领域都得到了广泛的应用，深刻影响着人们日常工作、学习、娱乐等各个方面。计算机已经成为人们提高工作质量和工作效率的必备工具，因此，计算机基本操作技能是当代大学生的必备技能之一。

信息技术基础课程是职业院校各专业学生必修的基础课程。我们在多年的实际教学中发现，在掌握必要理论的基础上，上机实践是提高学生应用能力的关键环节，只有通过不断实践，才能更深入理解并巩固所学的理论知识。为此，我们特编写了本书。

本书是《信息技术基础教程》（曾永和，西安电子科技大学出版社出版，2021）的配套实践教程。全书共 6 章，具体内容安排如下：

第 1 章　计算机与信息技术，包括三个实验：认识微型计算机硬件系统；信息在计算机中的表示；安装杀毒软件。

第 2 章　Windows 10 操作系统，包括五个实验：设置 Windows 10 操作系统；控制面板和 Windows 设置；使用 Windows 10 附件；文件的管理；中英文输入练习。

第 3 章　文字处理软件 Word 2016，包括六个实验：文档的录入和编辑；撰写自荐信；表格制作；图文混排；制作个人简历封面；制作试卷。

第 4 章　电子表格软件 Excel 2016，包括四个实验：Excel 基本操作；Excel 公式与函数的使用；数据的图表化与输出；工作表的管理。

第 5 章　演示文稿软件 PowerPoint 2016，包括三个实验：PowerPoint 的基本操作；PowerPoint 动画制作；PowerPoint 交互功能制作。

第 6 章　网络连接和设置及沟通交流，包括三个实验：网络连接；收发电子邮件；移动设备协同。

在编写过程中，我们注重所选实验的典型性和通用性，尽量将每一个实验的实验步骤详尽地呈现给读者。但由于编者水平有限，书中难免有不妥之处，敬请读者不吝指正。

编　者
2021 年 7 月

目　　录

第 1 章　计算机与信息技术

实验一　认识微型计算机硬件系统

【实验目的】

 (1) 了解和认识微型计算机硬件系统的组成部件；

 (2) 了解微型计算机的接口类型及其作用；

 (3) 认识常用的外部设备。

【实验内容】

 (1) 从外观上认识微型计算机各个组成部分的名称及其作用；

 (2) 以小组为单位取下微型计算机机箱侧面挡板，了解主机内部构成；

 (3) 观察和识别微型计算机主机内部各组成部件；

 (4) 观察和识别微型计算机内部以及机箱后侧各接口的名称及其作用；

 (5) 认识常用的微型计算机外部设备，如摄像头、扫描仪、打印机、数码相机等。

【实验步骤】

1. 认识微型计算机的外部构成

从外观上看，微型计算机一般由主机、显示器、键盘、鼠标等设备构成，如图 1-1 所示。

图 1-1　微型计算机的构成

2. 认识主机内部构成

拧开机箱的挡板螺钉，可以将机箱两侧的挡板打开。取下机箱侧面挡板，可以看到机箱内部各组成部件，如图 1-2 所示。

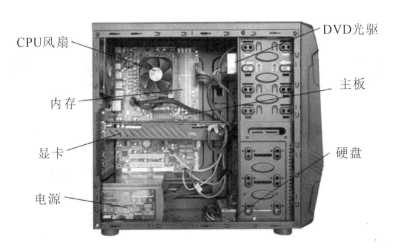

图 1-2　主机内部构成

机箱内部包括了 CPU 风扇、内存、硬盘、电源、DVD 光驱、显卡等各组成部件，它们通过不同的接口连接在主板上。观察并识别各组成部件名称及其接插的位置和方向。

在老师的指导下，尝试将各部件有序地从接口处拔离，并正确地放置在桌面上，根据硬件上提供的各类信息记录它们的相关参数。

3. 认识主板及各部件

从主板上找出各接口，并根据已有知识在小组范围内讨论各接口的作用。如图 1-3 为主板，图 1-4 为 CPU，图 1-5 为内存，图 1-6 为固态硬盘。与自己打开的主板进行对照，比较各部件的差异，试标明图中主板各个接口的名称，并注明其可能的用途。

图 1-3　玩家国度 ROG MAXIMUS XIII APEX 主板　　　图 1-4　Intel 酷睿 i9 CPU

图 1-5　金士顿骇客神条 Fury DDR4 3200 32G 内存

图 1-6　三星固态硬盘

4. 认识常用的外部设备

常用的外部设备如图 1-7 所示，依次为摄像头、扫描仪、打印机、数码相机。

摄像头　　　　　　扫描仪　　　　　　　　打印机　　　　　　数码相机

图 1-7　常用的外部设备

【思考与练习】

1．以小组为单位讨论以上了解到的微型计算机部件是否是任何一台微型计算机系统都必须具备的。

2．根据小组所记录的各种硬件参数，讨论其代表了对应部件哪方面的性能，从中可以得到哪些硬件信息。

3．通过网络了解最新的各类部件的发展情况，列出最近市场流行的部件型号及相关参数，并在小组内进行交流讨论。

4．假设小组内某成员需要配置一台电脑，请你列出所需的各类配件名称及其型号，并说明选择配件的理由，最后由老师给出指导意见。

实验二　信息在计算机中的表示

【实验目的】

(1) 复习有关数制的基本知识内容；
(2) 熟悉并掌握计算机中常用数制之间的转换方法；
(3) 熟悉数据与编码的基本知识；
(4) 熟悉 ASCII 码与汉字编码的方法。

【实验内容】

(1) 常用数制的计数规则；

(2) 不同数制之间的转换；

(3) 使用计算器练习常用数制之间的转换；

(4) 数据的单位与换算关系；

(5) 常用编码的表示方法。

【实验步骤】

1. 认识常用数制的计数规则

1) 十进制

数码：10 个数字符号，即 0, 1, 2, 3, 4, 5, 6, 7, 8, 9。

基数：基数是 10。

位权表示法：例，$(1918)_{10} = 1 \times 10^3 + 9 \times 10^2 + 1 \times 10^1 + 8 \times 10^0$。

2) 二进制

数码：2 个数字符号，即 0 和 1。

基数：基数是 2。

位权表示法：例，$(1010)_2 = 1 \times 2^3 + 0 \times 2^2 + 1 \times 2^1 + 0 \times 2^0$。

3) 八进制

数码：8 个数字符号，即 0, 1, 2, 3, 4, 5, 6, 7。

基数：基数是 8。

位权表示法：例，$(731)_8 = 7 \times 8^2 + 3 \times 8^1 + 1 \times 8^0$。

4) 十六进制

数码：16 个数字符号，即 0, 1, 2, 3, 4, 5, 6, 7, 8, 9, A, B, C, D, E, F, 分别依序表示 0～15 数字。字母也可采用小写。

基数：基数是 16。

位权表示法：例，$(8F)_{16} = 8 \times 16^1 + 15 \times 16^0$。

2. 不同数制之间的转换

1) 其他进制数转换成十进制数

采用位权展开法，求和时，以十进制数累加。

例：$(1010)_2 = 1 \times 2^3 + 0 \times 2^2 + 1 \times 2^1 + 0 \times 2^0 = (10)_{10}$

$(731)_8 = 7 \times 8^2 + 3 \times 8^1 + 1 \times 8^0 = (473)_{10}$

$(8F)_{16} = 8 \times 16^1 + 15 \times 1 = (143)_{10}$

2) 十进制数转换成二进制数

十进制数到二进制数的转换，通常要区分数的整数部分和小数部分，即分别按除 2 取余数部分和乘 2 取整数部分两种不同的方法来完成。

整数部分，要用除 2 取余数法完成十进制数到二进制数的转换。其方法与步骤如下：

步骤 1　用 2 去除十进制数的整数部分，取其余数为转换后的二进制数整数部分的低位数字；

步骤 2　再用 2 去除所得的商，取其余数为转换后的二进制数高一位的数字；

步骤 3　重复执行步骤 2 的操作，直到商为 0，结束转换过程。

例如，将十进制数 37 转换成二进制数，转换过程如下：

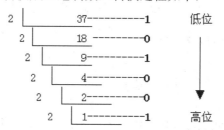

每一步所得的余数从下向上排列，即转换后的结果为$(100101)_2$。

小数部分，要用乘 2 取整数法完成十进制数到二进制数的转换。其方法与步骤如下：

步骤 1　用 2 乘十进制数的小数部分，取乘积的整数为转换后的二进制数的最高位数字；

步骤 2　再用 2 乘上一步乘积的小数部分，取新乘积的整数为转换后二进制小数低一位数字；

步骤 3　重复步骤 2 的操作直至乘积部分为 0，或已得到的小数位数满足要求，结束转换过程。

例如，将十进制数 0.43 转换成二进制数，其转换过程如下：

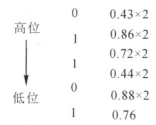

每一步所得的整数从上向下排列，即转换后的二进制数为$(0.01101)_2$。

3）二进制数与八进制数的转换

每 3 个二进制位对应 1 个八进制位，因此得出以下规律：

整数部分，由低位向高位每 3 位一组，高位不足 3 位用 0 补足 3 位，然后每组分别按权展开求和即可。

小数部分，由高位向低位每 3 位一组，低位不足 3 位用 0 补足 3 位，然后每组分别按权展开求和即可。

例 1　将$(1010111.01101)_2$转换成八进制数。

解：

$$\begin{array}{ccccccc} 001 & 010 & 111 & . & 011 & 010 \\ \downarrow & \downarrow & \downarrow & & \downarrow & \downarrow \\ 1 & 2 & 7 & . & 3 & 2 \end{array}$$

所以$(1010111.01101)_2 = (127.32)_8$。

例 2 将 $(327.5)_8$ 转换为二进制数。

解:

3	2	7	.	5
↓	↓	↓		↓
011	010	111	.	101

所以 $(327.5)_8 = (11010111.101)_2$。

4) 二进制数与十六进制数的转换

每 4 个二进制位对应 1 个十六进制位,因此得出以下规律:

整数部分,由低位向高位每 4 位一组,高位不足 4 位用 0 补足 4 位,然后每组分别按权展开求和即可。

小数部分,由高位向低位每 4 位一组,低位不足 4 位用 0 补足 4 位,然后每组分别按权展开求和即可。

例 3 将 $(110111101.011001)_2$ 转换为十六进制数。

解:

0001	1001	1101	.	0110	0100
↓	↓	↓		↓	↓
1	9	D	.	6	4

所以 $(110111101.011001)_2 = (19D.64)_{16}$。

例 4 将 $(26.EC)_{16}$ 转换成二进制数。

解:

2	6	.	E	C
↓	↓		↓	↓
0010	0110	.	1110	1100

所以 $(26.EC)_{16} = (100110.111011)_2$。

5) 八进制数与十六进制数的转换

以二进制作为转换的中间工具。

例 5 将 $(327.5)_8$ 转换成十六进制数。

3	2	7	.	5
↓	↓	↓		↓
011	010	111	.	101

1101	0111	.	1010
↓	↓		↓
D	7	.	A

所以 $(327.5)_8 = (D7.A)_{16}$。

3. 使用计算器练习常用数制之间的转换

(1) 单击"开始"菜单,依次移动鼠标到"所有程序""计算器",单击打开"计算器"程序窗口。

(2) 单击"查看"菜单中的"程序员"选项,将计算器切换到如图 1-8 所示的操作窗口。

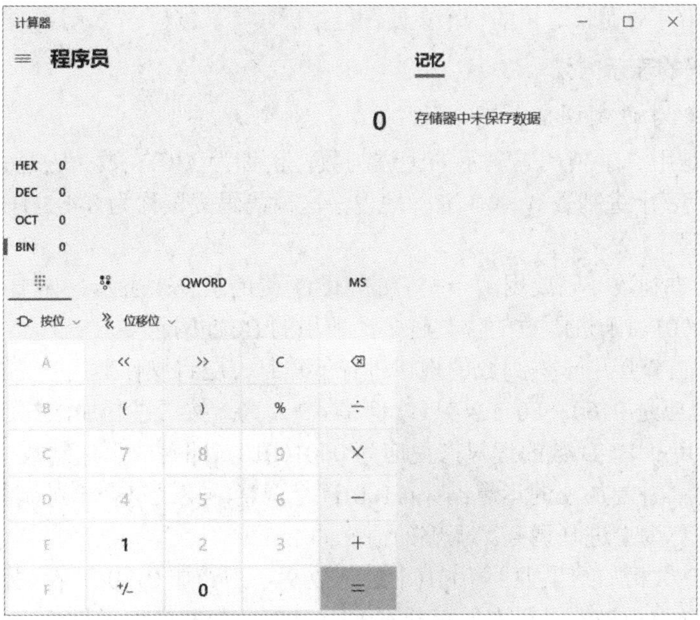

图 1-8　计算器程序员操作窗口

(3) 鼠标单击"BIN 二进制",通过数字键或者用鼠标单击操作窗口上的数字,输入 101110,单击"*"按钮,再次输入"1110",单击"="按钮,得到结果 1010000100。

(4) 单击"C"按钮清除计算内容。

(5) 鼠标单击"DEC 十进制",输入"234",再单击"HEX 十六进制",可以发现 234 变成了 EA;单击"OCT 八进制",EA 变成了 352;单击"BIN 二进制"变成了 11101010;这样就实现了在十进制、十六进制、八进制、二进制之间的数字转换。

4. 数据的单位与换算关系

1) 位

在计算机中最小的数据单位是位(bit)。计算机中最直接、最基本的操作就是对二进制位的操作。

2) 字节

一个 8 位的二进制数单元叫做一个字节(Byte, B)。字节是计算机中用来表示存储空间大小的最基本的容量单位,其他容量单位还有千字节(KB)、兆字节(MB)、千兆字节或吉字节(GB)、太字节(TB)。它们之间有下列换算关系:

$$1 \text{ B} = 8 \text{ bit}$$
$$1 \text{ KB} = 1024 \text{ B} = 2^{10} \text{ B}$$
$$1 \text{ MB} = 1024 \text{ KB} = 2^{20} \text{ B}$$
$$1 \text{ GB} = 1024 \text{ MB} = 2^{30} \text{ B}$$
$$1 \text{ TB} = 1024 \text{ GB} = 2^{40} \text{ B}$$

3) 字

字(Word)是计算机中处理数据的基本单位。一个字由若干字节组成,通常将组成一个字的位数叫做该字的字长。若一个字由八个字节组成，则该字的字长为64位。不同类型的计算机的字长是不同的。字长是计算机的一个重要性能指标，字长越长，表示计算机处理能力越强。

5. 常用编码的表示方法

1）BCD码及十进制调整

BCD码就是用二进制代码表示的十进制数，也称为BCD数。它是采用二进制代码0000～1001来代表十进制数0～9。准确地说，这种代码应该称为8-4-2-1BCD码，但一般直接称为BCD码。

若是两位十进制数，则要用两个相应的BCD码的组合来表示。如十进制数39写成BCD数为00111001。十进制数的位数越多，所用的BCD码越多。

当希望计算机直接用十进制数的规律进行运算时，应将操作数用BCD码来存储和运算。例如4+3就应是0100+0011=0111。但是4+8直接按二进制加法的运算结果为0100+1000=1100，可从BCD数的运算来说应为00010010，即对应十进制数12。因此，在这种情况下就要对二进制加法的运算结果(1100)进行调整，使之符合十进制数的运算和进位规律。这种调整称为十进制调整。调整的情况如下：

若两个BCD数相加结果大于1001(十进制数9)，则做加0110(加6)调整。

若两个BCD数相加结果在本位上并不大于1001，但却产生了进位；相当于十进制运算结果大于等于16，则也做加0110(加6)调整。

如上面提到的4+8，直接运算结果为0100+1000=1100 结果大于1001，做加6调整；1100+0110=00010010相当于十进制数12，结果正确。

若是两个BCD数相减，进行十进制调整，其规律是：当相减时若低4位向高4位有借位，在低4位就要做减0110(减6)调整。

2）ASCII码

ASCII码是美国于1963年制订的标准，全称为"美国信息交换标准代码"，即American Standard Code for Information Interchange，简称为ASCII码。在计算机系统中除了数字0～9之外，还经常用到其他字符，如字母a～z，空格，换行等。后来，国际标准化组织(ISO)和国际电报电话咨询委员会(CCITT)以它为基础制订了相应的国际标准。这种编码在数据传输中应用广泛，如微型计算机的字符编码。

ASCII码是一种7位码，共有128个编码值。在计算机存储器中，一般使用时用一个字节表示ASCII码，即8位，这时最高位用0，或者最高位可用于奇偶校验。也可以将最高位固定为1，构成扩展的ASCII码，表示一些图形符号，但扩展的ASCII码没有形成统一的标准。

128个ASCII码中，前33个和最后一个码都是控制符，共34个。其余94个是各种字符和符号。ASCII码字符表如表1-1所示。在表中最高一位未列出，一般表示时都以0来代替而暂不考虑其奇偶校验位或其他的功能；表中第1行的二进制数000-111对应括号内的内容为十六进制数0～7；表中第1列的二进制数0000～1111对应括号内的内容为十六进制数0～F。如数字0～9的ASCII码为00110000～00111001，对应十六进制数30H～39H。字母A～Z的ASCII码用十六进制数表示为41H～5AH。字母a～z的ASCII码为61H～7AH等。

表 1-1　ASCⅡ码字符表

b₇b₆b₅ \ b₄b₃b₂b₁	000 (0)	001 (1)	010 (2)	011 (3)	100 (4)	101 (5)	110 (6)	111 (7)
0000(0)	NUL	DLE	SP	0	@	P	'	p
0001(1)	SOH	DC1	!	1	A	Q	a	q
0010(2)	STX	DC2	"	2	B	R	b	r
0011(3)	ETX	DC3	#	3	C	S	c	s
0100(4)	EOT	DC4	$	4	D	T	d	t
0101(5)	ENQ	ANK	%	5	E	U	e	u
0110(6)	ACK	SYN	&	6	F	V	f	v
0111(7)	BEL	ETB	'	7	G	W	g	w
1000(8)	BS	CAN	(	8	H	X	h	x
1001(9)	HT	EM	)	9	I	Y	i	y
1010(A)	LF	SUB	*	:	J	Z	j	z
1011(B)	VT	FSC	+	;	K	[	k	{
1100(C)	FF	FS	,	<	L	\	l	|
1101(D)	CR	GS	–	=	M	]	m	}
1110(E)	SO	RS	.	>	N	^	n	~
1111(F)	SI	US	/	?	O		o	DEL

　　常用的控制符如回车键的 ASCII 码是 0DH(表中用 CR 表示)，换行键的 ASCII 码是 0AH(表中用 LF 表示)。

　　我国于 1980 年制订了《信息处理交换用的 7 位编码字符集》，即国家标准 GB 1988—80。除了用人民币符号(¥)代替美元($)符号外(ASCII 代码为 24H)，其余代码及其所表示的内容都和 ASCII 码相同。有时在使用中可能出现在键盘上输入的符号$，在打印文件上显示变成了符号¥，其原因就在于两者的编码相同。

实验三　安装杀毒软件

【实验目的】

(1) 了解常用的杀毒软件；

(2) 学会从网上下载杀毒软件；

(3) 学会安装和使用杀毒软件。

【实验内容】

(1) 上网搜索常用的杀毒软件，了解常用的杀毒软件功能；

(2) 下载安装 360 安全卫士；

(3) 使用 360 安全卫士的电脑体检、木马查杀、系统修复等功能。

【实验步骤】

1. 搜索访问常用的杀毒软件，了解常用杀毒软件功能

通过 360 安全卫士(如图 1-9 所示)、金山毒霸(如图 1-10 所示)等软件的官方网站，了解这两款杀毒软件功能。

图 1-9　360 安全卫士

图 1-10　金山毒霸

　　360 安全卫士是一款由 360 公司推出的功能全、效果好、受用户欢迎的安全杀毒软件。360 安全卫士拥有查杀木马、清理插件、修复漏洞、保护隐私、清理痕迹等多种功能。

　　金山毒霸(Kingsoft Antivirus)是另一款反病毒软件。金山毒霸融合了启发式搜索、代码分析、虚拟机查毒等技术。经业界证明，基于其成熟可靠的反病毒技术，以及丰富的经验，使其在查杀病毒种类、查杀病毒速度、防治未知病毒等多方面达到世界领先水平。

2. 下载安装 360 安全卫士

　　访问 360 公司主页 https://www.360.cn/，点击 360 安全卫士"下载"按钮进行下载，如图 1-11 所示。

图 1-11　360 安全卫士下载

第 2 章　Windows 10 操作系统

实验一　设置 Windows 10 操作系统

【实验目的】

(1) 了解系统信息；
(2) 查看系统详细信息；
(3) 查看系统基本信息。

【实验内容】

(1) 启动和关闭计算机；
(2) 了解系统信息(计算机硬件配置、计算机组件和软件信息)；
(3) 查找特定的详细信息；
(4) 查看有关计算机重要信息的摘要。

【实验步骤】

1. 了解系统信息

对计算机进行软硬件安装配置或调试时，常常需要查看系统信息。系统信息显示有关计算机硬件配置、计算机组件和软件(包括驱动程序)的详细信息。

2. 查看系统详细信息

在任务栏搜索框中输入"系统信息"，在结果列表中选择"系统信息"应用，打开"系统信息"窗口，如图 2-1 所示。

若要在系统信息中查找特定的详细信息，可在窗口底部的"查找什么"框中键入要查找的信息。例如，若要查找计算机的 Internet 协议(IP)地址，则在"查找什么"框中键入"IP"，然后单击"查找"按钮。

3. 查看系统基本信息

除了查看系统详细信息外，也可以通过"系统"窗口查看系统的基本信息。单击"开始"按钮，在快捷菜单中选择"系统"，或通过打开"控制面板"中的"系统"选项可以查看有关该计算机的重要信息的摘要，如图 2-2 所示。

图 2-1　查看"系统信息"

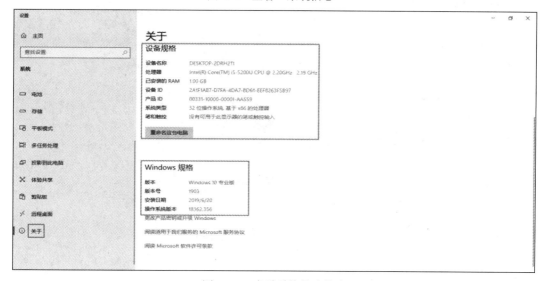

图 2-2　查看系统基本信息

实验二　控制面板和 Windows 设置

【实验目的】

(1) 了解控制面板的使用方法;

(2) 使用 Windows 设置的方法;

(3) 使用任务管理器。

【实验内容】

(1) 使用"控制面板"对计算机进行设置；

(2) 熟练使用 Window 设置中心来对计算机进行各种设置管理；

(3) 掌握任务管理器的使用方法。

【实验步骤】

1. 了解控制面板

在 Windows 10 以前的版本中，使用"控制面板"对计算机进行设置。在 Windows 10 中，采用了新的 Windows 设置中心来代替"控制面板"，虽然"控制面板"仍然可以使用，但推荐使用 Windows 设置。

可以使用"控制面板"更改 Windows 的设置。这些设置几乎控制了有关 Windows 工作方式的所有设置，并允许用户对 Windows 进行设置，使其适合用户的需要。

在任务栏搜索框中输入"控制面板"，在结果中单击"控制面板"，即打开"控制面板"界面，如图 2-3 所示。

图 2-3 "控制面板"界面

控制面板打开后，可以使用两种不同的方法找到要查找的项目：

(1) 使用搜索。若要查找感兴趣的设置或要执行的任务，在搜索框中输入单词或短语。例如，键入"声音"可查找与声卡、系统声音以及任务栏上音量图标的设置有关的特定任务。

(2) 浏览。可以通过单击不同的类别，例如系统和安全、程序、网络和 Internet 等，查看每个类别下列出的常用任务来浏览控制面板。或者在"查看方式"下，单击"大图标"或"小图标"以查看所有控制面板项目的列表。

2. 使用 Windows 设置

Windows 10 中采用 Windows 设置中心来对计算机的各方面进行设置管理，如图 2-4

所示。

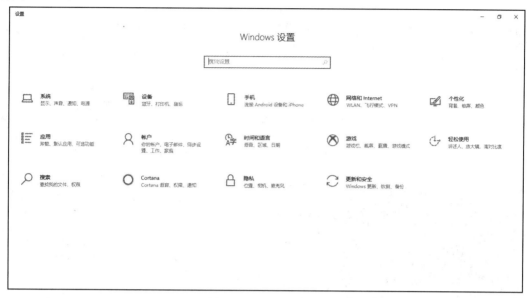

图 2-4　Windows 设置

打开设置中心有如下几种方法：

方法 1　单击"开始"菜单按钮，在左侧栏选择"设置"。

方法 2　单击"开始"菜单按钮，在弹出的快捷菜单中选择"设置"。

方法 3　单击任务栏右侧的"操作中心"，然后选择"所有设置"。

Windows 设置打开后，可按任务类别查找并进行相关的设置。例如，要卸载或更改应用，则单击"应用"类别；要对计算机进行优化，则单击"个性化"类别等。但查找更具体的设置方式是在"查找设置"框中输入相关设置的关键词，比如进行声音相关的设置，可在"查找设置"栏中输入声音，有关声音的各种设置选项将会显示出来，方便进行设置。

3. 使用任务管理器

任务管理器显示计算机上当前正在运行的程序、进程和服务。可以使用任务管理器监视计算机的性能，或者关闭没有响应的程序。

如果电脑有网络连接，还可以使用任务管理器查看网络状态以及查看网络是如何工作的。如果有多个用户连接到计算机，可以看到谁在连接、他们在做什么，还可以给他们发送消息。

打开任务管理器，单击"开始"按钮，在弹出的快捷菜单中选择"任务管理器"；或单击任务栏上的空白区域，然后单击"任务管理器"；或者通过按 "Ctrl+Shift+Esc" 键来打开任务管理器。任务管理器默认以简略信息模式显示当前运行的应用列表，单击"详细信息"切换到详细信息模式，除了显示应用列表外，还显示后台进程等详细信息。在详细信息模式下单击"简略信息"，返回简略信息模式，可根据需要切换，如图 2-5 所示。

如果计算机上的应用停止响应，则 Windows 将会尝试查找问题并自动解决该问题。如果不想等待，或 Windows 不能自动解决该问题，则可以使用任务管理器手动结束该程序。

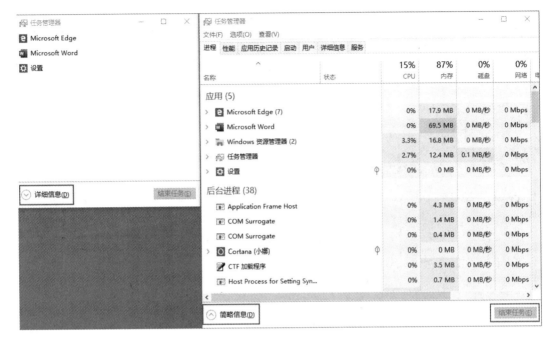

图 2-5　"任务管理器"工作界面

　　使用任务管理器结束程序可能比等待更快，但是将丢失所有未保存的更改信息。如果想保留重要的工作，则等待几分钟，让 Windows 尝试解决该问题。

　　退出没有响应的应用的步骤如下：

　　步骤 1　单击"开始"按钮或任务栏上的空白区域，然后单击"任务管理器"，打开"任务管理器"。

　　步骤 2　单击"进程"选项卡，单击没有响应的应用或后台进程，然后单击管理器右下角的"结束任务"按钮，如图 2-6 所示。

图 2-6　"任务管理器"工作界面

实验三 使用 Windows 10 附件

【实验目的】

(1) 了解计算器的使用方法；

(2) 了解记事本的使用方法；

(3) 了解写字板的使用方法；

(4) 了解画图软件的使用方法；

(5) 了解 Windows Media Player 媒体播放程序的使用方法；

(6) 使用远程桌面连接。

【实验内容】

(1) 计算器的打开与使用；

(2) 用记事本新建并编辑一个文档；

(3) 用写字板打开并编辑一个 Word 文档；

(4) 利用画图软件处理图片；

(5) 使用 Windows Media Player 媒体播放播放音乐和视频等；

(6) 使用远程桌面连接一台计算机。

【实验步骤】

1. 使用计算器

Windows 10 "计算器" 应用是 Windows 早期版本中桌面计算器的兼容版本，并且同时适用于移动设备和桌面设备。可以在桌面上同时打开多个可重新调整窗口大小的计算器，并且可以在标准、科学、程序员、日期计算和转换器模式之间切换。

(1) 打开计算器有如下方法：

方法 1 单击 "开始" 按钮，从应用列表中选择 "计算器"。

方法 2 单击 "开始" 按钮或在搜索框中输入 "计算器"，然后在结果列表中单击 "计算器"。

标准计算器窗口如图 2-7 所示。

单击 "导航" 按钮，然后单击所需模式。切换模式时，将清除当前的计算。单击计算器键进行所需的计算。除了加减乘除这样简单的运算外，计算器还提供了科学计算器和程序员计算器模式。

可以单击计算器按钮来执行计算，或者使用键盘键入数字进行计算。通过按 NumLock 键，还可以使用数字键盘区域键入数字和运算符。

查看计算历史记录，计算历史记录跟踪计算器在一个会话中执行的所有计算，并可用于标准模式和科学模式。单击"历史记录"按钮，或按"Ctrl+H"键，则会显示历史记录列表用于查看。再次单击该按钮，则回到计算模式。

标准模式和科学模式中的计算历史记录会分别进行保存。显示的历史记录取决于当前所使用的模式。

图 2-7　标准计算器

(2) 计算日期。可以使用计算器计算两个日期之差，或计算自某指定日期开始增加或减少的天数。

单击"导航"按钮，然后单击"日期计算"，如图 2-8 所示。

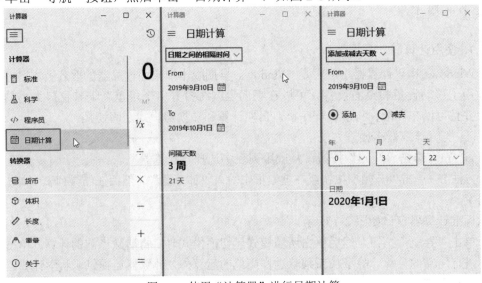

图 2-8　使用"计算器"进行日期计算

选择"日期之间的相隔时间"，在"From"下日历控件中点选开始日期，在"To"下日历控件中点选到期日期，则自动计算出间隔天数。

选择"添加或减去天数"，可计算出指定日期向后或向前推一段时间(若干年月日)的日期。

2. 使用记事本

记事本是 Windows 10 操作系统默认安装的一个简单快捷的文本编辑器应用，主要用于进行非格式文字信息的记录和存储、简单文本的记录、配置文件、批处理命令等。虽然 Windows 10 操作系统中的记事本也能进行字体格式设置，但还是侧重于纯文本的编辑，其保存文件的默认类型为文本文档，扩展名默认为".txt"。

打开记事本，单击"开始"按钮，从应用列表中选择"Windows 附件"应用组下的"记事本"。单击"开始"按钮，或在任务栏上的搜索框中键入"记事本"，然后在结果列表中单击"记事本"。

记事本启动后的工作界面如图 2-9 所示。

图 2-9　"记事本"工作界面

其中"文件"菜单用于文本文件的新建、打开、保存、另存为、页面设置、打印及退出。"编辑"菜单用于剪切、复制、粘贴、删除、撤销、查找、替换、转到、全选、时间/日期等操作。"格式"菜单用于段落文本的自动换行和设置字体。"查看"菜单用于设置文本显示的缩放程度和是否显示状态栏。

更改字体、字形和字号：单击"格式"菜单，然后单击"字体"。打开"字体"对话框，在"字体""字形"和"字号"框中进行选择。在"示例"下显示字体的外观示例，完成字体选择后，单击"确定"按钮，如图 2-10 所示。

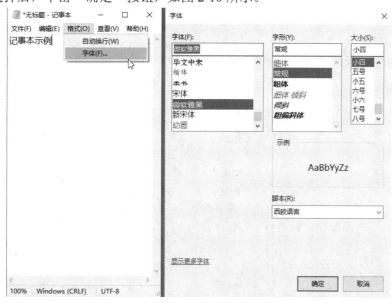

图 2-10　设置字体

通过"编辑"菜单能够实现文本剪切、复制、粘贴或删除等操作，如图 2-11 所示。

图 2-11　记事本"编辑"菜单

(1) 打印记事本文档的步骤如下：

步骤 1　单击"文件"菜单，然后单击"打印"。

步骤 2　在"打印"对话框中"常规"选项卡下，选择所需的打印机及其选项和打印范围和份数，然后单击"打印"，如图 2-12 所示。

图 2-12　记事本中的"打印"

若要更改决定打印文档外观的设置，单击"文件"菜单，然后单击"页面设置"。

(2) 查找特定的字符或单词的步骤如下：

步骤 1　单击"编辑"菜单，然后单击"查找"。

步骤 2　在"查找内容"框中，键入要查找的字符或单词，如图 2-13 所示。

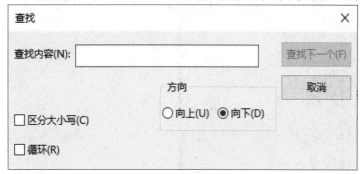

图 2-13　查找对话框

步骤 3　在"方向"下，单击"向上"从当前光标位置向文档顶部进行搜索，单击"向下"从光标位置向文档底部进行搜索。

步骤 4　单击"查找下一个"按钮。

(3) 替换特定的字符或单词的步骤如下：

步骤 1　单击"编辑"菜单，然后单击"替换"按钮，如图 2-14 所示。

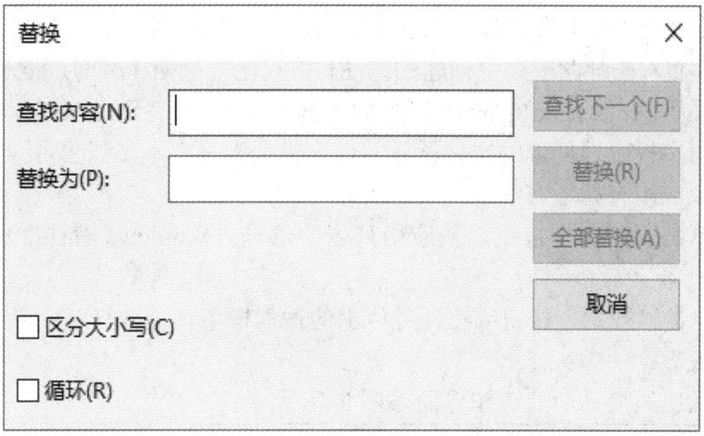

图 2-14　"替换"对话框

步骤 2　在"查找内容"框中，键入要查找的字符或单词。

步骤 3　在"替换为"框中，键入替换文本。

步骤 4　单击"查找下一个"按钮，然后单击"替换"按钮。若要替换文本的全部实例，单击"全部替换"。

步骤 5　若仅查找或替换与"查找内容"框中指定的大写字符和小写字符相匹配的文本，选中"区分大小写"复选框。

(4) 自动换行。记事本文档中的文本经常超出屏幕右边缘。在不滚动的情况下，要想能够看到所有文本，可以使用自动换行。单击"格式"菜单，然后单击"自动换行"，如图 2-15 所示。

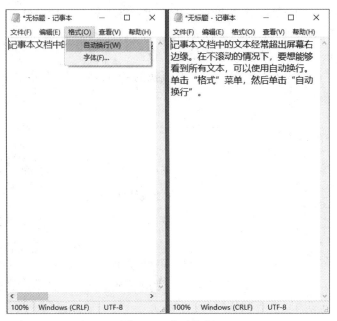

图 2-15　自动换行

3. 使用写字板

写字板是 Windows 10 操作系统默认安装的一款用于文档的编辑和创建的文档处理桌面应用，与主要用于处理不带格式的记事本不同，写字板除了能用于格式化文本的编辑外，还能插入图片，插入在画图应用中创建的绘图，格式化的日期和时间，插入其他文档对象，进行查找和替换等。在没有安装 Word 应用的电脑上，写字板完全可以作为轻量级的 Word，编写出文档。写字板应用创建的文件默认的保存类型为富文本文档(扩展名为.rtf)。

打开写字板应用有如下方法：

方法 1　单击"开始"按钮，从应用列表中选择"Windows 附件"应用组下的"写字板"。

方法 2　单击"开始"按钮或在任务栏上的搜索框中，键入写字板，然后在结果列表中单击"写字板"。

写字板桌面应用启动后的工作界面如图 2-16 所示。

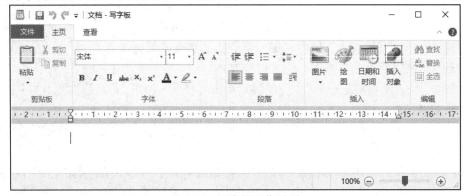

图 2-16　写字板工作界面

　　写字板标题栏左侧为可自定义的快速访问工具栏，默认自左向右显示用于保存文档的"保存"按钮、用于撤销上一个操作的"撤销"按钮、用于重复上一个操作的"重复"按钮。单击右侧的"自定义快速访问工具栏"，打开自定义快速访问工具栏下拉菜单，可以勾选新的按钮到快速访问工具栏，或取消勾选从快速访问工具栏删除按钮，还可以设置快速访问工具栏在功能区正文显示和最小化功能区。

　　快速访问工具栏下方为功能区，除文件菜单外，有"主页"和"查看"两个选项卡，再向右为最小化功能区/展开功能区按钮(快捷键为"Ctrl+F1"键)。

　　"文件"选项卡用于写字板文档的新建、打开、保存、另存为、打印、页面设置和在电子邮件中发送等，如图 2-17 所示。

图 2-17　"文件"选项卡

　　"主页"选项卡下的功能区分为"剪贴板""字体""段落""插入""编辑"五个组，如图 2-18 所示。"剪贴板"组用于文本或图片对象的剪切、复制、粘贴(包括选择性粘贴)等操作。"字体"组用于包括字体、字号、加粗、倾斜、下划线、删除线、上/下标、颜色、突出显示的颜色等字体格式的设置。"段落"组用于段落缩进量的增加/减少、启用项目符号或编号列表、设置段落内部行间距、设置段落对齐方式(左对齐/居中对齐/右对齐/两端对齐)。"插入"组用于插入图片及调整图片大小、插入画图应用创建的绘图、插入特定格式日期和时间及插入各类微软 Office 文件对象等。"编辑"组用于简单的文本查找、替换以及全选文档的内容。

图 2-18　"主页"选项卡

　　"查看"选项卡分为"缩放""显示或隐藏"和"设置"组。"缩放"组用于设置查看文档的显示比例。"显示或隐藏"用于显示或隐藏标尺和状态栏。"设置"组用于设置文档的"自动换行"方式和"度量单位",如图 2-19 所示。

图 2-19　"查看"选项卡

新建、打开和保存文档,使用以下命令新建、打开或保存文档,如表 2-1 所示。

表 2-1　文件常用操作

新建文档	单击"文件"选项卡,然后单击"新建"
打开文档	单击"文件"选项卡,然后单击"打开"
保存文档	单击"文件"选项卡,然后单击"保存"
用新名称或格式保存文档	单击"文件"选项卡,指向"另存为",然后单击文档要保存的格

写字板可以用来打开和保存文本文档(.txt)、多格式文本文件(.rtf)、Word 文档(.docx)和 OpenDocument Text 文档(.odt)。其他格式的文档可以作为纯文本文档打开,但可能无法按预期显示。

打印文档,单击功能区"文件"选项卡,单击"打印",然后选择所需的选项:打印、快速打印或打印预览,如图 2-20 所示。

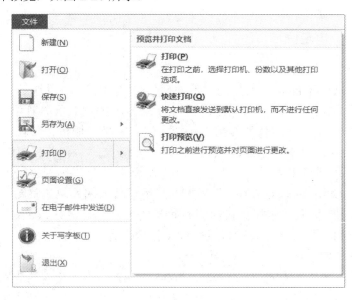

图 2-20　"文件"打印菜单

提高"写字板"的工作效率可将最常用的命令放在"写字板"中易于访问的位置,即将这些命令放在"功能区"上的"快速访问工具栏"上。

若要将"写字板"中某个命令添加到"快速访问工具栏",单击该按钮,然后单击

"添加到快速访问工具栏"。例如，将"粘贴"按钮添加到快速访问工具栏，如图 2-21 所示。

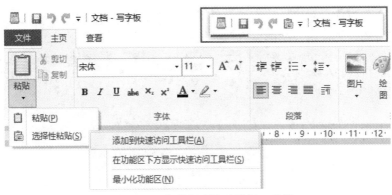

图 2-21　添加按钮到快速访问工具栏

4．使用画图

画图是 Windows 中的一项功能，使用该功能可以绘制、编辑图片以及为图片着色。可以像使用数字画板那样使用画图来绘制简单图片、有创意的设计，或者将文本和设计图案添加到其他图片，如用数字照相机拍摄的照片。

单击"按钮"或任务栏上的搜索栏，键入画图，在查找结果中打开"画图"应用。

启动画图时，将看到一个空的窗口，绘图和涂色工具位于窗口顶部的功能区中。画图窗口的各个部分如图 2-22 所示。

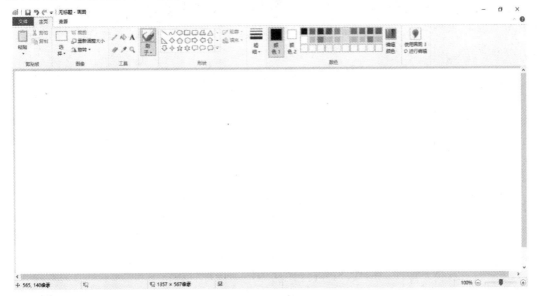

图 2-22　画图窗口

画图中的功能区包括绘图工具的集合，使用起来非常方便。可以使用这些工具创建徒手画并向图片中添加各种形状。

(1) 绘制直线。使用某些工具和形状(如铅笔、刷子、直线和曲线)可以绘制多种直线和曲线。所绘制的内容取决于绘图时移动鼠标的方式。例如，使用直线工具可以绘制直线，如图 2-23 所示。

 步骤 1 在"主页"选项卡的"形状"组中，单击"直线"。

 步骤 2 在"颜色"组中，单击"颜色 1"，然后单击要使用的颜色。

 步骤 3 若要绘图，请在绘图区域拖动指针。

图 2-23 绘制直线

 (2) 绘制曲线。图画并非仅包含直线。铅笔和刷子可以用于绘制完全随机的自由形状，如图 2-24 所示。

 步骤 1 在"主页"选项卡的"工具"组中，单击"铅笔"工具。

 步骤 2 在"颜色"组中，单击"颜色 1"，然后单击要使用的颜色。

 步骤 3 若要绘图，请在绘图区域拖动指针并绘制曲线。

 如果希望生成具有不同外观的线条，可使用其中一个刷子。

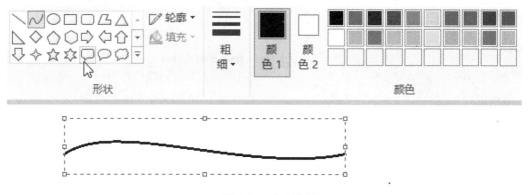

图 2-24 绘制曲线

 (3) 绘制形状。使用画图可以绘制很多不同的形状。如矩形、圆形、正方形、三角形和箭头。此外，还可以通过使用"多边形"形状绘制多边形来生成自己的自定义形状，该多边形可以具有任何数目的边，如图 2-25 所示。

 步骤 1 在"主页"选项卡的"形状"组中，单击现成的形状，如"矩形"。

 步骤 2 若要添加现成形状，请在绘图区域拖动指针生成该形状。

 步骤 3 若要更改边框样式，请在"形状"组中单击"边框"，然后单击某种边框样式；若不希望形状具有边框，则单击"无轮廓线"。

 步骤 4 在"颜色"组中，单击"颜色 1"，然后单击用于边框的颜色，如黑色。

 步骤 5 在"颜色"组中，单击"颜色 2"，然后单击要用于填充形状的颜色，如绿色。

 步骤 6 若要更改填充样式，请在"形状"组中单击"填充"，然后单击某种填充样式，如蜡笔。如果不希望填充形状，则单击"无填充"。

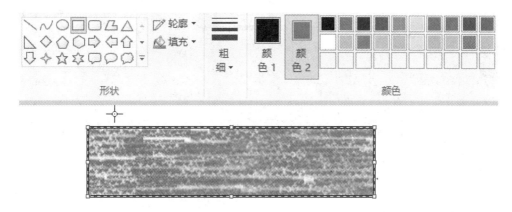

图 2-25　绘制形状

(4) 添加文本。可以将文本添加到图片中。使用文本工具，可以添加简单的消息或标题，如图 2-26 所示。

步骤 1　在"主页"选项卡的"工具"组中，单击"文本"工具。

步骤 2　在希望添加文本的绘图区域拖动指针。

步骤 3　在"文本工具"下，在"文本"选项卡的"字体"组中单击字体、大小和样式。

步骤 4　在"颜色"组中，单击"颜色 1"，然后单击某种颜色。此为文本颜色。

步骤 5　键入要添加的文本。

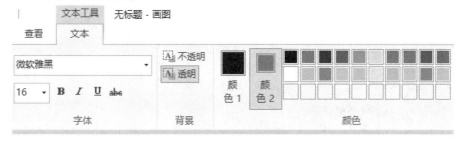

图 2-26　添加文本

(5) 擦除图片中的某部分。如果有失误或者需要更改图片中的部分内容，可以使用橡皮擦。默认情况下，橡皮擦将所擦除的任何区域更改为白色，但可以更改橡皮擦颜色。例如，如果将背景颜色设置为黄色，则所擦除的任何部分都将变成黄色，如图 2-27 所示。

步骤 1　在"主页"选项卡的"工具"组中，单击"橡皮擦"工具。

步骤 2　在"颜色"组中，单击"颜色 2"，然后单击要在擦除时使用的颜色。如果要在擦除时使用白色，则不必选择颜色。

步骤 3　在要擦除的区域内拖动指针。图 2-27 中使用"橡皮擦"擦除了上面绘制的矩形的一部分。

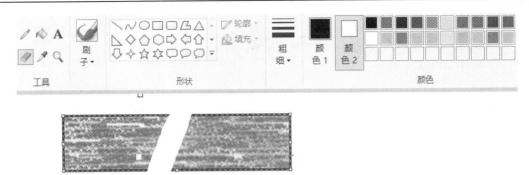

图 2-27 使用"橡皮擦"

（6）保存图片。经常保存图片，这样就不会意外丢失所绘制的图形。单击"文件"选项卡，然后单击"保存"，或单击快速访问工具栏上的"保存"按钮。这将保存上次保存之后对图片所做的全部更改。

首次保存创建的图片时，需要给图片指定一个文件名。请执行下列步骤，如图 2-28、图 2-29 所示。

步骤 1　单击"文件"菜单，然后单击"保存"按钮。

步骤 2　在"保存类型"框中，选择需要的文件格式。

步骤 3　在"文件名"框中键入名称，然后单击"保存"按钮。

图 2-28 保存图片

画图 3D 是经典画图的最新演进版，用于手绘 3D 对象，目前与经典画图相比，需要继续完善。

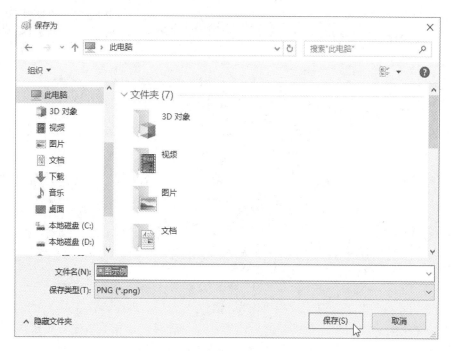

图 2-29　保存命名图片

单击"开始"，在应用列表中找到 Windows 附件，选择 Paint 3D，如图 2-30 所示。

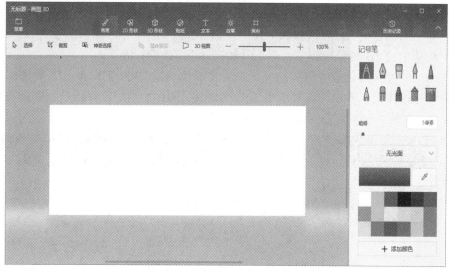

图 2-30　画图 3D 窗口界面

　　画图 3D 是经典画图的最新演进版，拥有大量新颖的艺术工具，可用于 2D 画布或 3D 对象。

　　在画图 3D 中能够很容易地创建和转变原始的 3D 形状。

　　若要创建立方体、圆柱体或其他基本 3D 对象，请转至 3D 菜单，然后从预加载设置中选择。选择你想用于投影中的 3D 对象，然后在你的工作区中单击并拖动以立即创建该对象，如图 2-31 所示。

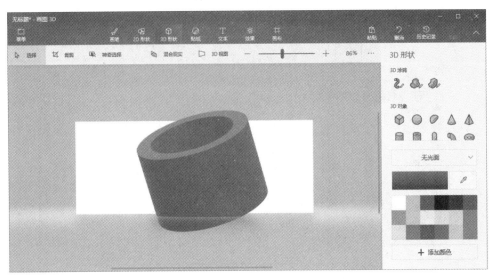

图 2-31　画图 3D 建模

创建好 3D 对象之后，对象周围将出现一个方框，内含四个操作工具。可以使用这四个操作工具在空间中旋转对象角度、前后倾斜对象、旋转对象和前后移动对象。

要调整 3D 对象的深度，请抓取方框边缘后将其拉大或拉小。

单击对象以将其选中，然后在画布上拖动形状以移动该形状。 复制（"Ctrl+C"键)和粘贴（"Ctrl+V"键)对象来创建副本，将各形状副本依次在顶部堆叠，在空间中重新放置形状，从而创建新形状。

获取理想颜色之后，可以选择画笔使用该颜色并在画布中作画。或者从 3D 对象菜单中选择一些基本的 3D 对象或模型，然后开始在画图 3D 中作画。

使用贴纸快速个性化设置创建的模型，并在画图 3D 中的 2D 和 3D 投影添加真实纹理。若要开始使用，请在顶部菜单中选择"贴纸"图标，然后选择形状、贴纸贴花或纹理以添加到 2D 画布 3D 模型，如图 2-32 所示。

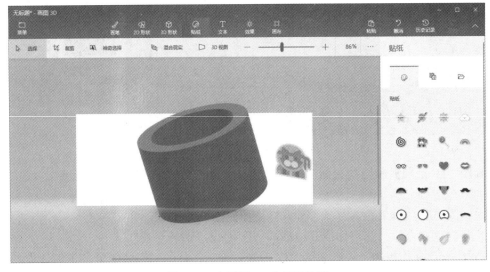

图 2-32　在画图 3D 中使用贴纸

选择希望使用的贴纸后，单击并拖动该贴纸以立即在工作区中创建贴纸。然后使用贴纸旁边出现的方框旋转或调整贴纸大小。

当准备好后，可以在贴纸右侧选择印戳图标，从而在 2D 或 3D 模型表面印戳贴纸。

若在处理 3D 对象应在对象背部印戳贴纸。开始编辑 3D 对象表面时，3D 对象下方将出现一个轨道图标。通过单击、触碰或使用手写笔来旋转 3D 对象。

若要创建带透视背景的艺术作品，请打开"画布"菜单，然后打开"透明画布"。即可使用箭头选择工具抓取、裁剪和移动在透明画布上创建的任何内容以及分层堆积作品。

若对投影感到满意，可以将其保存为 2D 文件，只需依次转到"菜单"→"另存为"→"导出"，然后从"另存为类型"列表中选择 2D 文件类型即可，如图 2-33 所示。

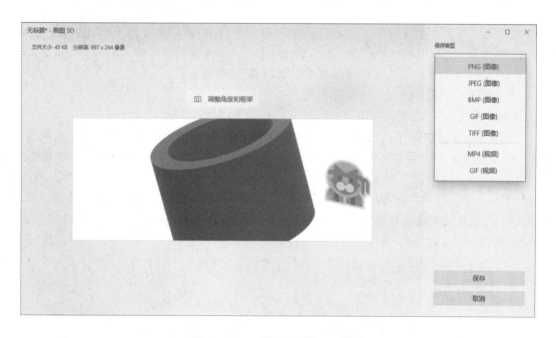

图 2-33　3D 图形另存为 2D 图形

在 Windows 10 之前的 Windows 版本中，可以使用"截图工具"捕获屏幕上任何对象的屏幕快照或截图，然后对其添加注释、保存或共享该图像。在 Windows 10 中截图工具已经开始向"截图和草图"迁移，但"截图工具"目前仍然保留。

启动"截图和草图"的方法如下：

方法 1　单击"开始"按钮，在开始菜单应用列表中选择"截图和草图"。

方法 2　在任务栏上的搜索框中，键入"截图和草图"，然后从结果列表中选择"截图和草图"。

方法 3　若要快速截取图像，按"Windows 徽标键+Shift+S"键启动截图工具栏。屏幕变暗并且光标以十字形显示。在要复制的区域边缘选择一个点，然后单击光标。移动光标以突出显示要捕获的区域，捕获的区域将显示在屏幕上。

截取的图像将保存到剪贴板中，可供粘贴到电子邮件或文档中。"截图和草图"提供对图像进行标注的手写笔、圆珠笔、铅笔、荧光笔和橡皮擦工具，并提供裁剪、保存、复制或共享选项。"截图和草图"工作界面如图 2-34 所示。

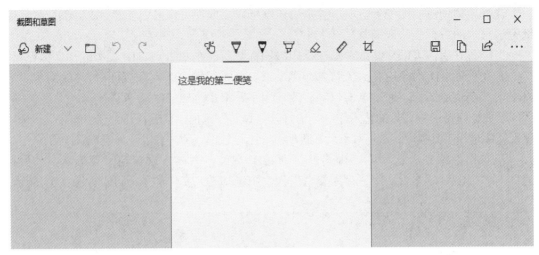

图 2-34 "截图和草图"工作界面

• 获取屏幕截图

步骤 1 启动"截图和草图"应用。

步骤 2 按下"新建"按钮默认立即使用截图栏启动截图，或单击"新建"右侧的箭头，在下拉列表中设置"立即截图""在 3 秒后截图"或"在 10 秒后截图"，如图 2-35 图所示。"立即截图"用于截取屏幕上已经显示的内容，而后二者可用于进行菜单下拉列表截图和右键快捷菜单的截图，这些菜单可在延迟时间段内被打开，然后用于截图。启动截图栏(在未启动"截图和草图"应用的情况下，按下" Windows 徽标键 + Shift+S"键，也能随时启动截图栏)。

图 2-35 截图延时设置

步骤 3 截图栏允许捕获以下类型的截图，如图 2-36 所示。

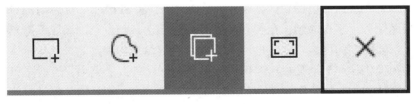

图 2-36 截图栏

在屏幕的一个区域截图后，截图的图像将添加到剪贴板，可以将其粘贴到另一个应用中。也可以使用"截图和草图"应用为图像添加批注、保存或共享该图像。

· 设置"截图和草图"

单击"截图和草图"应用工具条最右侧的省略号图标按钮，在下拉列表中选择"设置"，打开设置页面，如图 2-37 所示。

图 2-37　"截图和草图"设置工作界面

使用 PrtScn 键打开屏幕截图：尽管 PrtScn 键默认用于捕获全屏，并将其发送到剪贴板，"Alt+PrtScn"键用于捕获当前活动窗口，并将其发送到剪贴板，可用于简单截图。但打开截图栏可提供更多的截图工具用于精确截图，为更好地控制屏幕捕获选项，可以选择让 PrtScn 键打开截图栏而不是必须使用"Windows 徽标键 + Shift + S"。依次选择"开始"菜单→"设置"→"轻松使用"→"键盘"，启用在右侧键盘设置页面屏幕截图快捷方式的"使用 PrtScn 按键打开屏幕截图"开关，如图 2-38 所示。

图 2-38　设置使用 PrtScn 键打开屏幕截图

共享和保存截图：当打开截图以及每次对截图进行编辑时，截图和草图将批注的截图复制到剪贴板。截图和草图允许将批注的图像保存到文件，方法是单击工具条上的"另存为"按钮，将图像保存到指定位置。单击"共享"按钮，将图像发送至联系人，或共享到其他应用。

5. 使用 Windows Media Player

"Windows Media Player"是 Windows 10 操作系统内置的默认媒体播放程序，提供了直观易用的界面，用户可以播放数字媒体文件、整理数字媒体收藏集、将喜爱的音乐刻录成 CD、从 CD 翻录音乐，将数字媒体文件同步到便携设备，并可从在线商店购买数字媒体内容。

启动"Windows Media Player"，若要打开"Windows Media Player"，单击"开始"按钮，选择应用列表中的"Windows 附件"，然后单击"Windows Media Player"。

首次使用，会进行初始设置，若接受默认"推荐设置"，单击"完成"按钮。若选择"自定义设置"，单击"下一步"按钮，进入"选择隐私选项"界面，进行相关设置后，单击"完成"按钮，如图 2-39 所示。

图 2-39　Windows Media Player 初始设置界面

Windows Media Player 播放模式可以选择以两种模式来享受媒体："播放机库"模式和"正在播放"模式。"播放机库"模式下可以全面控制播放的大多数功能，如图 2-40 所示。"正在播放"模式提供最适合播放的简化媒体视图，如图 2-41 所示。

若要从"播放机库"转至"正在播放"模式，只需单击播放机右下角的"切换到正在播放"按钮。若要返回到播放机库，请单击播放机右上角的"切换到媒体库"按钮。

图 2-40　播放机库模式

可以在播放机工作界面处于最小化时控制播放机。你可以使用缩略图预览中的控件来播放或暂停当前的项目、前进到下一个项目或后退到上一个项目。缩略图预览会在鼠标指针指向任务栏上的"Windows Media Player"图标时显示，如图 2-42 所示。

使用选项卡完成关键任务，使用播放机右上角的选项卡，可在播放机库中打开列表窗格，这样就可以更轻松地关注特定的任务，如创建喜爱歌曲播放列表、将自定义歌曲列表刻录到可录制的 CD，或与便携式媒体播放机同步媒体库中的播放列表。

图 2-41　正在播放模式　　　　　图 2-42　从任务栏播放

如果想在计算机以外的地方收听各种类型的音乐，可以将这些音乐刻录在 CD 中。例如，可以使用此播放机刻录 CD，并在任何标准的 CD 播放机上播放这些音乐。

使用播放机能够将音乐、视频和图片同步到多种便携设备，包括便携式媒体播放机、存储卡和移动电话。若要完成此操作，只需将受支持的设备连接到计算机，播放机便会为插入的设备选择最佳的同步方法(自动或手动)。然后将播放机库中的文件和播放列表同步到设备。

6. 远程桌面连接

远程桌面连接允许用户使用远程桌面客户端从一台计算机访问另一台运行的计算机，其条件是两台计算机连接到相同网络或连接到 Internet。例如，在家中使用计算机可以访问工作场所的计算机的程序文件及网络资源等。

　　若要连接到远程计算机，该计算机必须为开启状态，必须具有网络连接，远程桌面必须可用，必须能够通过网络访问该远程计算机(可通过 Internet 实现)，还必须具有连接权限。若要获取连接权限，你必须位于用户列表中。下文将介绍如何将名称添加到该列表中。

　　设置远程计算机启用远程桌面，单击"开始"按钮，选择"设置"，然后在"设置"窗口中单击"系统"，打开系统设置页面。在左侧窗格中选择"远程桌面"，在右侧启用远程桌面开关，如图 2-43 所示。弹出远程桌面设置窗口，询问"是否启用远程桌面？"，单击"确认"按钮，如图 2-44 所示。

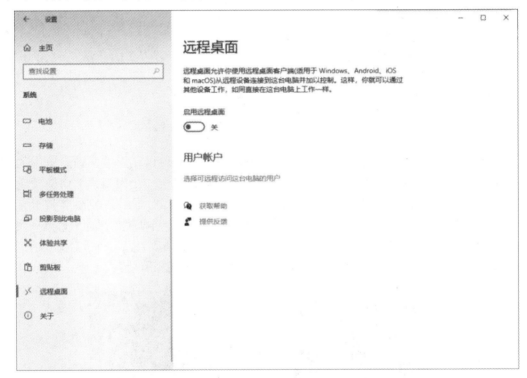

图 2-43　　"远程桌面设置"对话框

图 2-44　　是否启用"远程桌面设置"对话框

　　回到"远程桌面"设置页面，单击"用户账户"下的"选择可远程访问这台电脑的用户"，打开"远程桌面用户"对话框，列出现有可以连接到这台计算机的用户。如果当前用户是计算机上的管理员，则当前的用户账户将自动添加到此远程用户列表中。

　　要添加允许远程连接的用户，单击"添加"按钮，打开"选择用户"对话框，在"输入对象名称来选择"中，键入要添加的用户名，然后单击"确定"按钮，该用户名将出现在"远程桌面用户"对话框的用户列表中。

　　要删除允许远程连接的用户，首先在现有允许远程连接用户列表中选中该用户，然后单击"删除"，最后单击"确定"按钮，关闭"远程桌面"用户对话框。

注意：无法连接到处于睡眠或休眠状态的计算机，因此，必须确保远程计算机上的睡眠或休眠设置被设置成"从不"状态。

启动远程桌面连接到远程计算机，单击"开始"按钮，在应用列表中找到并打开"Windows 附件"，单击"远程桌面连接"。或在任务栏搜索框中输入"远程桌面连接"，在结果列表中单击"远程桌面连接"应用。启动远程桌面连接，显示"远程桌面连接"对话框。

在"计算机"中，键入要连接到的计算机的名称或 IP 地址，然后单击"连接"，如图 2-45 所示。

图 2-45　"远程桌面连接"对话框

注意：如果允许远程连接，则 Windows 防火墙将自动打开所需的端口。如果正在使用其他防火墙，请确保远程桌面端口(通常为 3389，但基于安全经常改为其他端口)已打开。

在打开的"输入你的凭据"界面中输入远程计算机上的用户名和密码，勾选下方的"记住我的凭据"(以后连接时可不必再输入)，单击"确定"按钮，如图 2-46 所示。

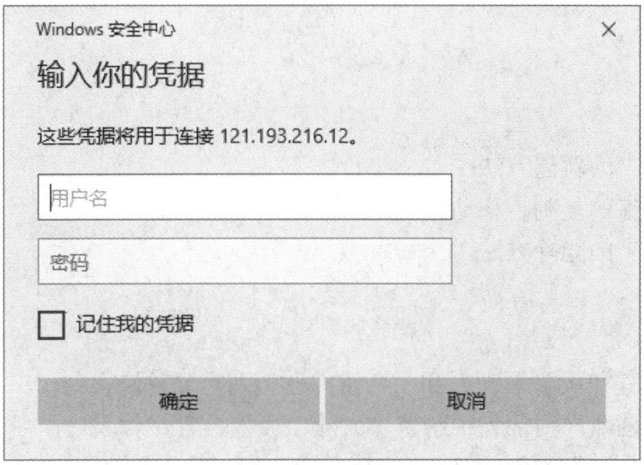

图 2-46　"远程桌面连接输入凭据"对话框

登录到远程计算机桌面，使用完毕后，可单击工具条上的"关闭"按钮，断开远程桌面连接。

如果想在远程计算机上访问本机资源，如本地磁盘驱动器或本地打印机等，可单击远程桌面连接窗口左上角的"显示选项"，打开"远程桌面连接"选项设置页面，对远程连接进行详细设置，如图 2-47 所示。

图 2-47　显示选项

实验四　文件的管理

【实验目的】

(1) 掌握文件夹的新建方法；

(2) 掌握文件夹的复制、移动方法；

(3) 掌握文件夹的删除方法。

【实验内容】

(1) 在 E 盘创建"大学军训"和"喜欢的歌"两个文件夹；

(2) 在"喜欢的歌"文件夹中新建"大陆""港台"文件夹；

(3) 在"喜欢的歌"中创建 Word 文档，命名为"歌词"。

【实验步骤】

1. 新建文件夹

双击"计算机"→E 盘，单击右键在弹出的菜单中选择"新建"→"文件夹"，命名为"大学军训"。

打开"计算机"→E 盘，在主菜单上单击"文件"→"新建"→"文件夹"，命名为"喜欢的歌曲"，如图 2-48 所示。

双击"喜欢的歌曲"打开文件夹，使用上面的方法建立两个文件夹"大陆""港台"。

图 2-48　新建文件夹

2. 修改文件名

双击"喜欢的歌曲"打开文件夹，单击右键在弹出的菜单中选择"新建"→"Microsoft Word 文档"，如图 2-49 所示。将该文档直接命名为"歌词"，或者右击该文档图标，在弹出的快捷菜单中选择"重命名"命令，重命名该文档。修改文件名时注意不能破坏原文件的类型。

图 2-49　新建文档

3. 选取文件或文件夹

选取单个文件或文件夹：要选定单个文件或文件夹，只需用鼠标单击所要等到的对象即可。

选取多个连续文件或文件夹：鼠标单击第一个要选定文件或文件夹，按住 Shift 键，再单击最后一个文件或文件夹；或者用鼠标拖动，选中多个文件或文件夹。

选取多个不连续文件或文件夹：按住 Ctrl 键，再逐个单击要选取的文件或文件夹。

选取当前窗口全部文件或文件夹：使用主菜单"编辑"→"全部选中"命令；或使用"Ctrl+A"键完成全部选取的操作。

4. 复制、移动文件或文件夹

复制文件或文件夹：首先选定要复制的文件或文件夹，然后右击，在弹出的快捷菜单中选择"复制"命令。选定目标文件夹"大学军训"，单击主菜单"编辑"→"粘贴"或"Ctrl+V"键，单击选定对象选择粘贴。

也可使用鼠标实现复制，同一磁盘中的复制，选中对象按 Ctrl 键再拖动选定的对象到目标地；不同磁盘中的复制，拖动选定的对象到目标地。

移动文件或文件夹：主菜单"编辑"→"剪切"或者使用"Ctrl+X"键、右击选定对象选择剪切。选定目标文件夹"大学军训"，单击主菜单"编辑"→"粘贴"或"Ctrl+V"键，右击选定对象选择粘贴。

也可使用鼠标拖动的办法实现移动，同一磁盘中的移动，直接拖动选定的对象到目标地；不同磁盘中的移动，选中对象按 Shift 键再拖至目标地。

5. 重命名文件或文件夹

(1) 选中要更名的文件或文件夹，单击右键，在弹出的菜单中选择"重命名"命令；
(2) 输入新名称，如"新生军训照片"。

选中要更名的文件或文件夹，使用鼠标连续两次单击，输入新名称也可实现重命名。

6. 删除文件或文件夹

删除文件到"回收站"。单击文件"歌词.docx"，然后单击鼠标右键，在右键菜单中选择"删除"按钮。或者单击文件"歌词.docx"直接按键盘上的 Delete 键删除文件，在弹出的"确认文件删除"对话框中选择"是"按钮完成删除。此时选择"否"按钮则取消本次删除操作。

用同样的方法选中"大陆"和"港台"文件夹，删除文件夹。在弹出的"确认文件夹删除"对话框中点击"是"按钮即在原位置把文件夹"大陆"和"港台"删除并放入回收站。点击"否"按钮则放弃删除操作。

删除文件和文件夹也可以利用任务窗格和拖曳法来进行。

7. 恢复被删除的文件

打开"回收站"。在桌面上双击"回收站"图标，打开"回收站"窗口。

还原被删除文件。在"回收站"窗口中选中要恢复的"歌词.docx"文件，单击"还原此项目"，还原该文件。还可以单击鼠标右键，在右键菜单中选择"还原"即可，如图 2-50 所示。

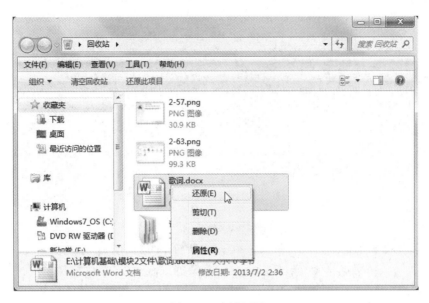

图 2-50　右键还原

8. 彻底删除文件或文件夹

在"回收站"中，选中"港台"文件夹，单击鼠标右键，在右键菜单中选择"删除"即可。若要删除回收站中所有的文件或文件夹，则选择"清空回收站"选项。

实验五　中英文输入练习

【实验目的】

(1) 熟悉键盘按键功能，并能运用自如；
(2) 学习五笔、智能 ABC、搜狗等输入法；
(3) 使用金山打字通训练输入速度。

【实验内容与步骤】

1. 认识键盘

整个键盘分为五个小区：上面一行是功能键区和状态指示区；下面的五行是主键盘区、控制键区和数字键区，如图 2-51 所示。

对输入来说，最主要的是熟悉主键盘区各个键的用处。主键盘区包括 26 个英文字母，10 个阿拉伯数字，一些特殊符号外，还附加一些功能键：

Back Space 键——后退键，删除光标前一个字符；

Enter 键——换行键，将光标移至下一行首；

Shift 键——字母大小写临时转换键；与数字键同时按下，输入数字上的符号；

Ctrl、Alt 键——控制键，必须与其他键一起使用；

图 2-51　键盘分区

Caps Lock 键——锁定键，将英文字母锁定为大写状态；

Tab 键——跳格键，将光标右移到下一个跳格位置；

空格键——输入一个空格。功能键区 F1 到 F12 的功能根据具体的操作系统或应用程序而定。

控制键区中包括插入 Insert 键，删除当前光标位置的"Delete"，将光标移至行首的 Home 键和将光标移至行尾的 End 键，向上翻页 Page Up 键和向下翻页 Page Down 键，以及上下左右箭头。

数字键区(小键盘区)有 10 个数字键，可用于输入数字，用于大量输入数字的情况，如在财会的输入方面，另外，五笔字型中的五笔画输入也采用。当使用小键盘输入数字时应按下 Num Lock 键，此时对应的指示灯亮。

2. 使用金山打字通

金山打字通(TypeEasy)是金山公司推出的一款功能齐全、数据丰富、界面友好的、集打字练习和测试于一体的打字软件。联网对战打字游戏，易错键常用词重点训练，不背字根照学五笔等多项职业训练。使用金山打字通练习打字，只要做到有计划的刻苦训练，就一定会有很大程度的提高。

打字前先把手指按照分工放在正确的键位上，有意识地记忆键盘各个字符的位置，体会手指在不同键位上敲击字键时的感觉，逐步养成不看键盘的输入习惯，进行打字练习时必须集中注意力，做到手、脑、眼协调一致，尽量避免边看原稿边看键盘，初级阶段的练习即使速度慢，但要保证输入的准确性。

拇指放在空格键上，其余手指分别放在基本键上，如图 2-52 所示。

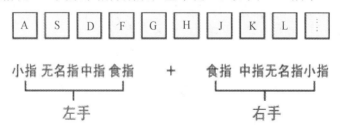

图 2-52　手指对应基本键

　　每个手指除了指定的基本键外，还分工有其他键。左手食指负责的键位有 4、5、R、T、F、G、V、B 键，中指负责的键位有 3、E、D、C 键，无名指负责的键位有 2、W、S、X 键，小指负责的键有 1、Q、A、Z 键及其左边所有键。右手食指负责的键位有 6、7、Y、U、H、J、N、M 键，中指负责的键位有 8、I、K、，键，无名指负责的键位有 9、O、L、。键，小指负责的键位有 O、P、；、/键及其右边所有键，如图 2-53 所示。

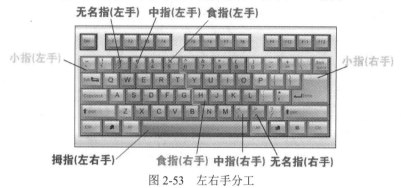

图 2-53　左右手分工

　　掌握指法练习技巧：左右手指放在基本键上；击完其他字键后迅速返回原位；食指击键注意键位角度；小指击键力量保持均匀；数字键采用跳跃式击键。

　　打字之前一定要端正坐姿。如果坐姿不正确，不但会影响打字速度的提高，而且还会很容易疲劳，出错。正确的坐姿应该是：两脚平放，腰部挺直，两臂自然下垂，两肘贴于腋边。身体可略倾斜，离键盘的距离约为 20 厘米～30 厘米。打字文稿放在键盘左边，或用专用夹，夹在显示器旁边。打字时眼观文稿，身体不要跟着倾斜。

　　双击桌面金山打字通图标，打开金山打字通主界面，如图 2-54 所示。选择英文打字，进入英文练习界面如图 2-55 所示。选择相应的练习模块进行从易到难的练习。

图 2-54　金山打字通主界面

图 2-55　金山打字通英文打字

单击"返回"按钮，回到主界面，选择拼音打字或五笔打字，进入汉字练习界面如图 2-56 所示，选择词组或文章等模块进行从易到难的练习。

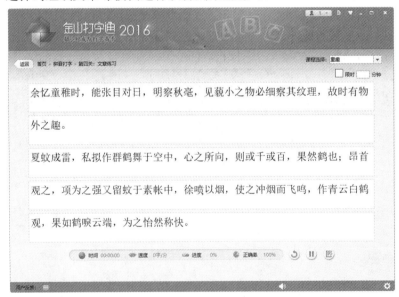

图 2-56　金山打字通汉字打字

3. 打字测试

选择拼音测试，进入测试页面进行测试，完成测试后系统会自动评分，如图 2-57 所示。

成绩评定：测试结果为 30 字/分钟以上成绩评定为及格；测试结果为 40 字/分钟以上成绩评定为中；测试结果为 50 字/分钟以上成绩评定为良；测试结果为 60 字/分钟以上成

绩评定为优秀；并将成绩页面保存，以备老师考评。

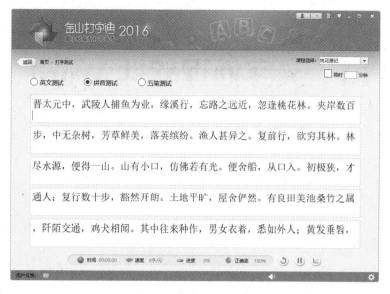

图 2-57　打字测试页面

第 3 章　文字处理软件 Word 2016

实验一　文档的录入和编辑

【实验目的】

掌握 Word 2016 的启动与退出，文档的创建、录入和保存，文档中的插入、移动、复制、删除、查找与替换等编辑方法，字体、字号、字形、段落对齐等设置方法。

【实验内容与步骤】

1. 新建文档

用鼠标单击"开始"→Word 命令来启动 Word 2016，并新建一个空白文档，选择自己熟练的输入法，在新建的空白文档中参照下面样文编写一篇文章，字数不少于 500 字，如图 3-1 所示。

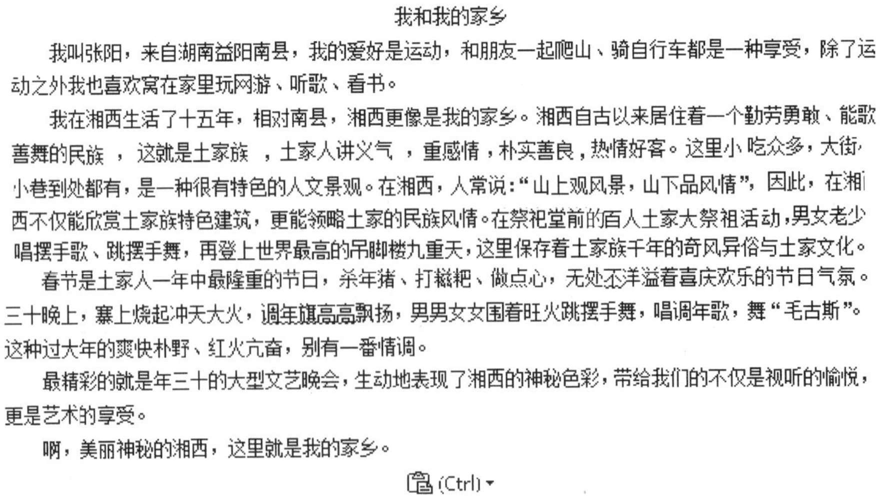

我和我的家乡

我叫张阳，来自湖南益阳南县，我的爱好是运动，和朋友一起爬山、骑自行车都是一种享受，除了运动之外我也喜欢窝在家里玩网游、听歌、看书。

我在湘西生活了十五年，相对南县，湘西更像是我的家乡。湘西自古以来居住着一个勤劳勇敢、能歌善舞的民族，这就是土家族，土家人讲义气，重感情，朴实善良，热情好客。这里小吃众多，大街小巷到处都有，是一种很有特色的人文景观。在湘西，人常说："山上观风景，山下品风情"，因此，在湘西不仅能欣赏土家族特色建筑，更能领略土家的民族风情。在祭祀堂前的百人土家大祭祖活动，男女老少唱摆手歌、跳摆手舞，再登上世界最高的吊脚楼九重天，这里保存着土家族千年的奇风异俗与土家文化。

春节是土家人一年中最隆重的节日，杀年猪、打糍粑、做点心，无处不洋溢着喜庆欢乐的节日气氛。三十晚上，寨上烧起冲天大火，週年旗高高飘扬，男男女女围着旺火跳摆手舞，唱调年歌，舞"毛古斯"。这种过大年的爽快朴野、红火亢奋，别有一番情调。

最精彩的就是年三十的大型文艺晚会，生动地表现了湘西的神秘色彩，带给我们的不仅是视听的愉悦，更是艺术的享受。

啊，美丽神秘的湘西，这里就是我的家乡。

图 3-1　编写文章

2. 文档的编辑

(1) 选定待编辑的文本与取消选定。将鼠标移到要选定的文本启始点，按住左键拖动至要选定文本结束点松开来选定文本。在选定的文本之外单击左键取消选定。被选文本为反白显示。

(2) 插入与删除。将光标移动到插入的文本前后，用 Insert 键选择插入方式后，在输入要插入的文本。按 Delete 键删除光标后一汉字，按退格键删除光标前一汉字，选定文本后按 Delete 键删除所选定文本。单击"常用工具栏"中"撤销"图标，将逐次撤销此前所有的操作。

(3) 复制与移动。选定文本后单击"常用工具栏"中的"复制"图标，(移动按"剪切"图标)将选中文本复制到粘贴版，移动光标到目的位置。单击"常用工具栏"中的"粘贴"图标，完成复制与移动操作。

(4) 查找与替换。单击"编辑"→"Replace"命令，打开"查找和替换"对话框，选择"替换"标签，在"查找内容"框中输入"湘西"，在"替换为"文本框中输入"张家界"。

在"家"下加着重号，在"查找内容"对话框中输入查找和替换内容后，单击"更多"→"格式"→"字体"命令，打开"字体"对话框，选择着重号，单击"确定"按钮，然后单击"全部替换"按钮完成所有替换操作，如图 3-2 所示。

图 3-2　查找与替换

3. 文字与段落设置

(1) 使用格式工具栏设置文本。标题宋体、三号字、加粗，正文第一段楷体、四号、倾斜，第二段华文彩云、小四号、字符底纹，其他段华文行楷、小四号，如图 3-3 所示。

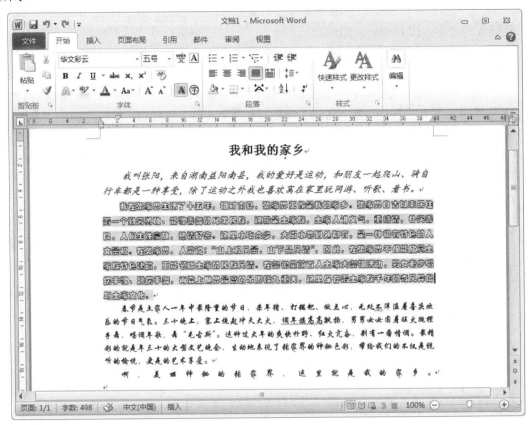

图 3-3　文字与段落设置

(2) 使用格式工具栏和段落对话框设置段落格式。标题居中，正文各段首行缩进 2 字符、两端对齐，段前段后各设为 0.2，正文第一段左对齐，左对齐用段落对话框中的对齐方式设置，最后一段设置为分散对齐，然后将第三段和第四段两段合并为一段。

4. 保存和打开文档

(1) 保存文档。单击"常用工具栏"中的"保存"图标，或单击"文件"→"保存"命令，打开"另存为"对话框，在保存位置选项中选择 D 盘，在"文件名"输入框中，输入组合文件名为"213111 张三家乡"，保存类型为.docx，单击"保存"按钮完成文档保存，如图 3-4 所示。

(2) 打开文档。单击"常用工具栏"中的"打开"图标，或单击"文件"→"打开"命令，在"打开"对话框中，选择查找范围、文件名，再单击"打开"按钮，如图 3-5 所示。

最后将文档以邮件形式发送给老师，完成实验项目。

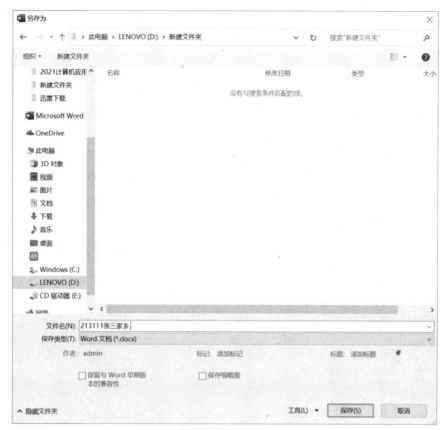

图 3-4　保存文档

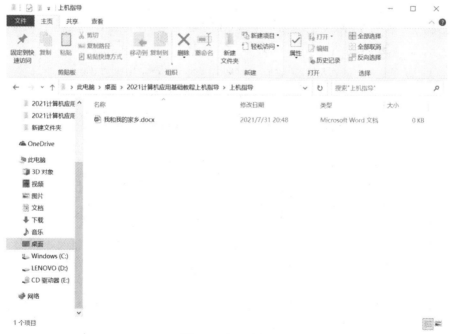

图 3-5　打开文档

实验二　撰写自荐信

【实验目的】

(1) 掌握 Word 文档的新建、保存等基本操作；
(2) 掌握在 Word 中录入和简单编辑文本；
(3) 掌握在 Word 中设置字体格式；
(4) 掌握在 Word 中设置段落格式；
(5) 掌握在 Word 中表格制作方法。

【实验内容】

(1) 新建 Word 文档；
(2) 输入文字并设置其文字格式；
(3) 设置段落格式；
(4) 表格制作。

【实验步骤】

1. 新建一个空白文档

在桌面的空白处右击，在弹出的快捷菜单中选择“新建”→“Microsoft Office Word 文档”命令，这时在桌面上出现一个“新建 Microsoft Office Word 文档”的图标，双击该图标，创建一个新的 Word 文档。输入内容如图 3-6 所示。

尊敬的李老师：

您好！

所谓“非才之难，所以自用者实难。”学生不肖，虽不敢自比贾谊，却也不敢妄自菲薄。我要自荐为我们班的班长。我是来自河南的 XXX，是一名 90 后，自信且有能力的男孩。

上了大学，我有失落，也有开心，失落的是本科落榜了，开心的是来到了如此好的一所专科学校，特别是有了好专业和好老师，我感觉非常幸运。我是一个十分有上进心的男孩，任何事情不做则已，做则一定要做好，我在高中曾经带领过一百多人的大班级，所以我坚信我能带领好二十九人的精英班，使我们班二十九人精诚团结。我觉得我是这个职位的最佳人选，没人比我更适合这个位置。我会了解二十九个男孩的性格、爱好，让他们各擅其长，让我们的班级充满活力，团结友爱，有凝聚力，同时也会做好老师和同学们之间的“桥梁”。

若我能当选为班长，我一定会严格要求自我，勇为榜样，身先士卒，带领我们 12132 班二十九个男孩，一起搞好学习，生活和工作，争创优秀文明班级体。

若我能当选班长，我要提出建设优秀班级的计划，由于今年的情况比较特殊（没有女孩子），在开班会活动时我会邀请别系的女生来做嘉宾或主持人，活跃气氛，我也会分配和组织好其他班委的工作，积极配合团支书搞好团组织活动，向各科老师反馈学习情况，做好班级日志。

若我能当选班长，我定不会摆出班长架子，我会和同学们打成一片，把我们班拧成一股绳。决不勾心斗角，决不搞内斗。必会和一班班长共同带领好 58 人的大集体。我定言必行，行必果。

我是一个做事不违心的人，不会做投机取巧的事，一切灿烂的语言，也不能替代实际的行动，我会敏于思，慎于言。

最后，我想说“我觉得我是这个职位的最佳人选”。望老师考查。

此致

敬礼！

12132 班王某某

2012 年 10 月 14 日

图 3-6　输入自荐信文字

2. 设置文档字体格式

在"开始"面板中的"字体"工具组通过文字的基本格式设置按钮进行设置，如图3-7 所示。

图 3-7　设置文字格式

3. 设置文档段落格式

(1) 设置对齐格式。在"开始"面板的"段落"选项组中，有 5 种对齐方式，分别是左对齐、居中对齐、右对齐、两端对齐和分散对齐。正文选择两端对齐，最后两行落款选择右对齐。

(2) 设置正文缩进。选中全部正文文档，单击"段落"工具组右下角的对话框启动器，弹出"段落"对话框，选择"特殊"列表中的"首行"选项，磅值处选择"2 字符"，单击"确定"按钮就可，如图3-8 所示。

图 3-8　设置正文首行缩进

4. 文档保存

文本编辑完成后，单击"文件""另存为"，弹出"另存为"对话框，将"文件名"处改为"自荐信"，点击"保存"按钮完成。

实验三 表格制作

【实验目的】

(1) 掌握对文档进行页面设置的方法；
(2) 学会在 Word 中插入表格；
(3) 掌握表格的基本操作及美化。

【实验内容】

(1) 按照需要对表格单元格进行合并、拆分、调整行高、列宽等操作；
(2) 插入表格，使用表格的形式表现个人简历表；
(3) 插入表格，制作学生成绩表。

【实验步骤】

1. 插入表格

将光标定位在要创建表格的位置，单击"插入"面板中"表格"下拉菜单中的"插入表格"命令，将会看到如图 3-9 所示的"插入表格"对话框。在表格下面对应的位置输入需要的列数"7"和行数"14"，然后单击"确定"按钮。这样就在文档中插入了一个 14行 7 列的表格。

图 3-9 "插入表格"对话框

2. 改变行高

步骤 1　选定整个表格，打开"表格"菜单，选择"表格属性"命令，弹出如图 3-10 所示的"表格属性"对话框。

图 3-10　"表格属性"对话框

步骤 2　切换到"行"选项卡，选中"指定行高"复选框，将行高设定为固定值 1.5 厘米。

3. 合并单元格

选定第 1 行，单击"合并"工具组中的"合并单元格"按钮即可完成单元格的合并，结果如图 3-11 所示。

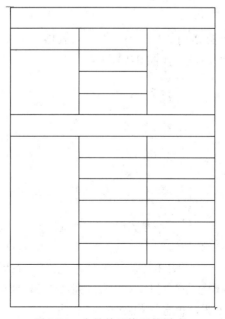

图 3-11　合并单元格后的样式

4. 改变单元格大小

步骤 1　选定想要调整列宽的单元格，将鼠标指针移动到单元格边框线上，当鼠标指针变成 ◄╟► 时，按住鼠标左键出现一条垂直的虚线，表示改变单元格的大小。按住鼠标左键不放，向左或向右拖动即可改变单元格列宽。

步骤 2　重复上一步操作，将表格调整成如图 3-12 所示样式。

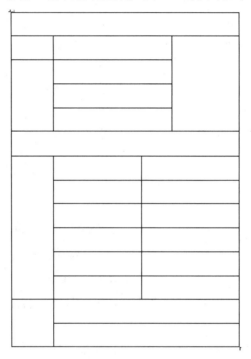

图 3-12　调整单元格大小后样式

5. 拆分表格

步骤 1　选定第 2 行第 2 列的单元格，打开"表格"菜单，选择"拆分单元格"命令，将弹出"拆分单元格"对话框，如图 3-13 所示。

图 3-13　"拆分单元格"对话框

步骤 2　在"拆分单元格"对话框中的"列数"和"行数"文本框中输入相应的数字，然后单击"确定"按钮，拆分效果如图 3-14 所示。

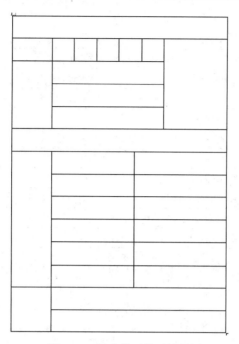

图 3-14　拆分单元格后效果图

重复步骤 2，继续拆分表格并调整单元格大小，如图 3-15 所示。

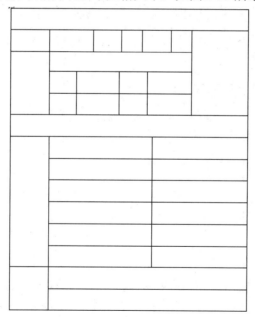

图 3-15　调整完毕的单元格形式

6. 制作个人简历表

(1) 创建表格。观察样本的行列数(见图 3-16)，用"插入表格"对话框新建表格。

将光标定位在页的首行，单击"插入"→"表格"菜单选项，打开"插入表格"对话框，输入 7 列 14 行，单击"确定"创建表格。

个人简历

姓 名	黄怡然	性 别	女	出生年月	1994.1	照 片
籍 贯	湖南张家界	民 族	土家族	政治面貌	团员	
身份证号	4 3 3 1 0 2 1 9 9 4 0 1 0 1 X X X X					
英语等级	四级	计算机水平	一级			
学 历	大专	所学专业	播音与节目主持			
毕业时间	2015.6	毕业学校	湖南张家界职业技术学院			
QQ 号	23191XXXX	手机号	1390001XXXX	E-mail	xxxx@yy.com	
学校地址	湖南省张家界市新桥大道XX号			邮政编码	427000	
家庭住址	湖南省张家界市解放路XX号			邮政编码	427000	
个人爱好	播音与节目主持，唱歌，舞蹈表演。					
就业方向	有意向在电视台、大型演艺公司、媒体公司、企业电视台、企业广告中心等单位，从事播音与节目主持工作。					
教育背景	中学	2006 年9月至2012 年6月在湖南省张家界市101 中学完成初中和高中阶段的学习，学习成绩良好，曾担任班级文艺员，多次承担学校大型文艺活动的节目主持工作。				
	大学	2012 年考入湖南张家界职业技术学院，学习播音与节目主持专业，学习成绩良好，在学院学生会文艺部任职，多次参加学校大型文艺活动，参与节目主持工作。				
社会实践	参与"美丽张家界2012 演唱会"节目主持工作；参加张家界天门狐仙表演；多次参加在张家界拍摄的电视剧表演；校园广播站播音主持。					

图3-16 个人简历表

(2) 表格规划布局。根据个人简历表的内容，对现有的表格进行布局。先合并单元格，选中第7列的1～5行，单击鼠标右键，在快捷菜单中选中"合并单元格"选项完成单元格合并。用同样的方法合并第3行的2～6列，第4行的4～6列，第5行的4～6列，第6行的4～7列，第7行的4～5列，第8行的2～5列，第9行的2～5列，第10～13行的2～7列。

进行拆分单元格时选中第3行的第2列，单击鼠标右键，在快捷菜单中选中"拆分单元格"选项，打开"拆分单元格"对话框，输入18列，单击"确定"完成单元格拆分，如图3-17所示。用同样的方法选中第12行的第2列，打开"拆分单元格"对话框，输入2列，单击"确定"完成第12行单元格拆分，移动列和行分隔线调整到样表位置完成布局。若在内容输入时布局发生了变化，可重复使用合并和拆分单元格调整表格布局。

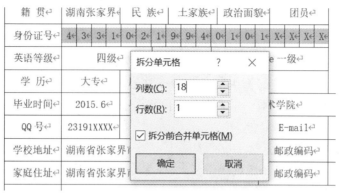

图 3-17　拆分单元格

(3) 输入表格内容、调整表格与文本的对齐方式。按样本输入表格中的内容。调整表格第 1～10 行高为 0.8 厘米，其他行高拖动调整。根据内容的不同选择单元格对齐方式，一般为水平和垂直都居中，如选中第 1 列，单击鼠标右键，在快捷菜单中选中"单元格对齐方式"选项，在单元格对齐方式例图中选择一个，完成单元格对齐方式设置，如图 3-18 所示。文字较多的单元格选择水平两端对齐、垂直居中对齐方式，文本后留空行的单元格则选择水平两端对齐、垂直顶部对齐方式。

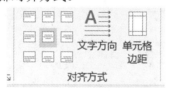

图 3-18　文本的对齐方式

选中照片单元格的文字，单击鼠标右键，在快捷菜单中选中"文字方向"选项，打开"文字方向"对话框，选择文字方向为正字竖排。

定位光标到表格下面一行，单击"页面布局"→"分隔符"菜单选项，打开"分隔符"对话框，选择"分页"，单击"确定"按钮，分页到下一页制作学生成绩表。

7. 制作学生成绩表

制作学生成绩表(如表 3-19 所示)的具体步骤如下：

(1) 创建表格。观察样本的行列数，用"插入表格"工具按钮新建表格。将光标定位在页的首行，单击常用工具栏"插入表格"按钮，拖动出 6 列 5 行表格。

学生成绩表

科目　姓名	语文	英语	数学	政治	总分
张莉莉	89	98	78	88	353
武　力	90	87	98	90	365
刘大卫	78	67	89	77	311
周晓理	80	70	100	76	326

图 3-19　学生成绩表

(2) 绘制斜线表头。选中第 1 个单元格,单击"表格"→"绘制斜线表头"菜单选项,打开"绘制斜线表头"对话框,选择表头样式一,行标题为"科目",列标题为"姓名",单击"确定"按钮。

(3) 输入表格内容,并设置文本的对齐方式。按样本输入表格的内容,将单元格文字对齐方式设置为水平和垂直都居中。

(4) 计算总分与成绩排序。将光标定位在总分右侧的单元格,单击"表格"→"公式"菜单选项,打开"公式"对话框,在公式输入框中输入"=SUM(B2:E2)",单击"确定"按钮完成计算。

按总分成绩排序,将光标定位在表格中,单击"表格"→"排序"菜单选项,打开"排序"对话框,在主要关键字中选择"总分",类型选择"数字",选择"降序",单击"确定"按钮完成排序。

(5) 设置表格边框与底纹颜色。将光标定位在表格中,单击工具栏中的"表格和边框"按钮,打开"表格和边框"工具栏,选择线粗为 3 磅,点击"边框"按钮,选择"外侧框线"绘制外框线为 3 磅;点击"边框"按钮,选择"内部框线"绘制内框线为 0.75 磅。

选中第 1 列,选择线粗为 0.5 磅,点击"边框"按钮,选择"右框线"绘制右框线;单击"底纹"按钮,选择"绿色"填充颜色。再选中第 1 行,点击"边框"按钮,选择"下框线"绘制下框线;点击"底纹"按钮,选择"白色"填充颜色,参考图 3-20 所示。

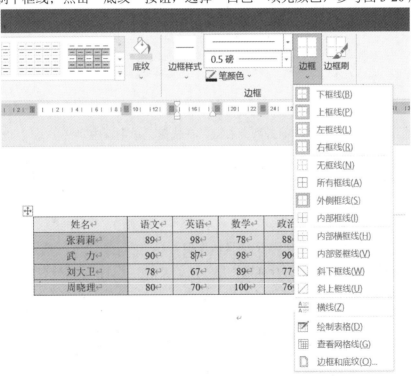

图 3-20　表格边框与底纹

8. 保存文档

单击"文件"→"保存"菜单选项,打开"另存为"对话框,在保存位置选项中选择

D 盘，在"文件名"输入框中，输入组合文件名为姓名+制表，保存类型为.doct，单击"保存"按钮完成文档保存。

最后将制作的表格以文件的形式发送给老师，完成实验项目。

实验四　图文混排

【实验目的】

熟练掌握在 Word 文档中插入艺术字、文本框、图片的基本操作方法，能灵活运用图文混排技术来编排 Word 文档，并且能运用所学的图文编排技术制作广告页。

【实验内容与步骤】

1. 图文混排技术应用

运用图文混排技术编排文档，其效果如图 3-21 所示。

图 3-21　效果图

(1) 插入艺术字。选中文档标题，单击"插入"→"艺术字"菜单选项，打开"艺术字库"对话框，选择第 3 行第 4 种艺术字样，单击"确定"打开"编辑艺术字文字"对话框，在框中输入文字"荷塘月色"，将字体设为华文新魏，字号设为 32，单击"确定"按钮。

选中艺术字，单击"格式"→"艺术字"菜单选项，打开"设置艺术字格式"对话框，设置艺术字位置为"嵌入型"，也可以使用"艺术字"工具栏设置艺术字格式，移动和调整艺术字大小如样文，如图 3-22 所示。

图 3-22　"艺术字"工具栏

(2) 插入剪贴画和其他图片。将光标定位在正文第一段前，单击"插入"→"图片"菜单选项，打开"插入图片"对话框，选择你事先下载的好的图片文件后，单击"插入"按钮插入图片。双击插入图片可打开"设置图片格式"对话框，设置图片位置为"四周型"。调整图片大小如样文，可使用设置图片格式中的大小选项卡进行精确调整，也可以用鼠标拖动图片边缘的 8 个控制点进行手动调整,移动鼠标至图片中部按下左键拖动图片，具体位置如样文。

将光标定位在正文第二段前单击"插入"→"剪贴画"菜单选项，打开"插入剪贴画"对话框，选择剪贴画"青蛙"，单击剪贴画插入，双击插入的剪贴画可打开"设置图片格式"对话框，设置剪贴画位置为"紧密型"，移动和调整剪贴画大小如样文。

将光标定位在正文第三段前，分别插入其他剪贴画，设置剪贴画片位置为"嵌入型"，具体如样文所示。

(3) 插入文本框。将光标定位在正文第一段中，单击"插入"→"文本框"→"绘制竖排文本框"菜单选项，在编辑区按下鼠标左键拖出文本框，在文本框中输入如样文诗句，设置文字格式和行间距如样文。双击文本框边缘打开"设置文本框格式"对话框，设置文本框的位置为"紧密型"，填充透明度为 100%，无边框。移动文本框至文档第一张图片上，调整文本框大小，在文本框边缘单击右键设置叠放次序为"置于顶层"。文本框和图片的叠放效果如图 3-23 所示。

图 3-23　文本框和图片的叠放效果

将光标定位在文档尾部，单击"插入"→"分页"菜单选项，分页到下一页制作广告页。

2. 设计制作广告页

设计制作如图 3-24 所示的球讯海报。

图 3-24　球讯海报

（1）插入艺术字。定位光标在文档首行，单击"插入"→"艺术字"菜单选项，打开"艺术字库"对话框，选择第 3 行第 1 种艺术字样，单击"确定"打开"编辑艺术字文字"对话框，在框中输入文字"火爆球讯"，选择字体设为华文新魏，字号设为 60，单击"确定"按钮完成。使用第 3 行第 4 种艺术字样和如上方法插入其他三个艺术字，选择字体设为华文行楷，字号设为 50。

选中艺术字，单击"格式"菜单选项，打开"设置艺术字格式"工具栏，设置艺术字位置为"紧密型"，移动和调整艺术字大小如样文所示。

(2) 插入剪贴画。定位光标在文档首行，单击"插入"→"剪贴画"菜单选项，打开"剪贴画"任务窗格，选择剪贴画"投篮"，单击剪贴画插入，双击插入的剪贴画可打开"格式"工具栏，设置剪贴画位置为"紧密型"，移动和调整剪贴画大小如样文所示。

选中剪贴画，单击右键选择"组合"→"取消组合"菜单选项，取消剪贴画内部组合，然后就可以为剪贴画内部添加颜色了。

(3) 插入文本框。单击"插入"→"文本框"→"横排"菜单选项，在编辑区按下鼠标左键拖出文本框，在文本框中输入如样文内容，双击文本框边缘打开"设置文本框格式"对话框，设置文本框的位置为"紧密型"，无边框，移动文本框至海报下方合适位置。

3. 保存文档

单击"文件"→"保存"菜单选项，打开"另存为"对话框，在保存位置选项中选择 D 盘，在"文件名"输入框中，输入组合文件名为班级+姓名+图文混排，保存类型为 .docx，单击"保存"按钮完成文档保存。

最后将 Word 文档以邮件形式发送给老师，完成实验项目。

实验五　制作个人简历封面

【实验目的】

(1) 学会并熟练运用在 Word 文档中插入图片及其格式的设置；
(2) 学会并熟练运用在 Word 文档中插入艺术字；
(3) 学会并熟练运用首字下沉。

【实验内容】

(1) 在文档中插入图片，并调整其格式；
(2) 将标题用艺术字体现；
(3) 用特殊格式体现文字。

【实验步骤】

(1) 在空白文档上插入校园以及校徽。

步骤 1　切换到"插入"面板，单击"插图"→"图片"菜单选项，弹出"插入图片"

对话框，如图 3-25 所示。

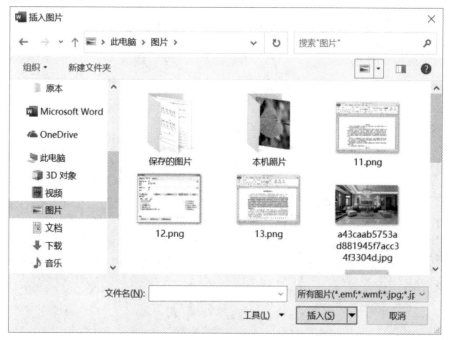

图 3-25　"插入图片"对话框

步骤 2　选择"校园"及"校徽"，将其插入到页面中，如图 3-26 所示。

图 3-26　插入图片

(2) 插入艺术字。

步骤 1　单击"插入"面板"文本"中的"艺术字"，选择一种艺术字格式，如图 3-27 所示。在其中选择一种艺术字体，在文本中即插入一个文本框。输入"2016 届优秀毕生"，并将字体设为楷体，字号设为 40。

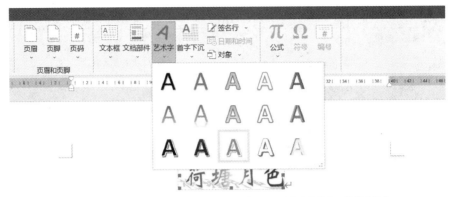

图 3-27　"艺术字库"选项框

步骤 2　重复上一操作过程，插入"自荐书"艺术字，并调整艺术字的位置。效果如图 3-28 所示。

图 3-28　插入艺术字效果

(3) 输入信息。在合适位置输入"姓名："" 学校："" 专业："" 毕业时间："，并将字体设为华文行楷，字号设为二号，效果如图 3-29 所示。

图 3-29　输入信息

(4) 绘制图形。

步骤 1　单击“插入”面板中的“形状”，在弹出的列表中选择圆形，在文档中拖动绘制出一个圆，如图 3-30 所示。

图 3-30　选择绘制的形状

步骤 2　重复上述操作，绘制另一个比较小一些的圆与上一个圆内切。

步骤 3　选中小圆，单击“格式”面板上“形状填充”按钮，选择“其他填充颜色”选项。弹出“颜色”对话框，选择“自定义”标签。设置“颜色模式”为“RGB、红色‘123’、绿色‘160’、蓝色‘205’”，单击“确定”按钮。

步骤 4　置另一个圆填充颜色为“RGB、红色‘211’、绿色‘223’、蓝色‘238’”。

步骤 5　调整两个圆的位置关系，按住 Shift 键，同时选中两个圆，单击右键，选择“组合”。将两个圆组合成一个整体图形，如图 3-31 所示。

图 3-31　组合

步骤 6　按照上述方法，再绘制一个由两个圆组成的组合图形，分别调整相应的位置。

步骤 7　利用"形状"列表中的"直线"工具，绘制出一条直线，设置颜色为"RGB、红色'167'、绿色'191'、蓝色'222'"，并调整位置，效果如图 3-32 所示。

图 3-32　最终效果图

实验六　制作试卷

【实验目的】

(1) 熟练运用页眉页脚；
(2) 熟练运用页面设置；
(3) 熟练运用段落的设置，运用段落的分栏；
(4) 掌握公式的输入。

【实验内容】

制作试卷，最终效果如图 3-33 所示。

图 3-33　试卷效果图

【实验步骤】

1. 设置页边距

新建一个空白文档，将功能区切换到"页面布局"选项卡，单击"页面设置"选项组中的"页边距"，在弹出的列表中选择"自定义页边距"命令，如图 3-34 所示。

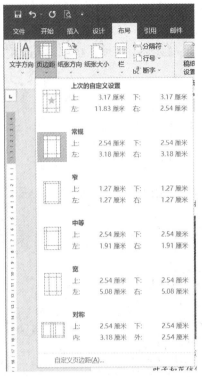

图 3-34　自定义边距

设置"纸张"中的"纸张大小"为"A3"；设置"页边距"，上下边距均为"2.54 厘米"，设置装订线位置靠左，边距为 0.5 厘米，"方向"设为"纵向"，如图 3-35 所示。

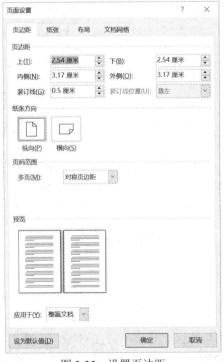

图 3-35　设置页边距

2. 输入试卷信息

步骤 1　输入"某某学院考试试卷"以及学年、学期、专业班级、课程名称、姓名及学号，如图 3-36 所示。

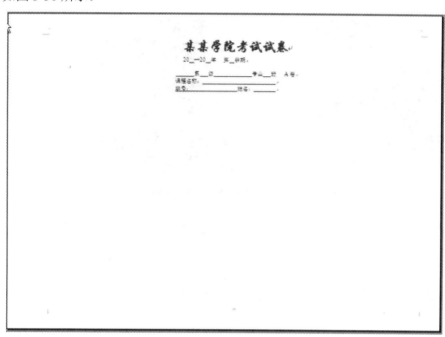

图 3-36　输入试卷信息

步骤 2　在学年学期后绘制一文本框，输入"分数"，字体设为宋体，字号设为小二。在"分数"后绘制一条竖线，并将竖线与文本框结合，如图 3-37 所示。

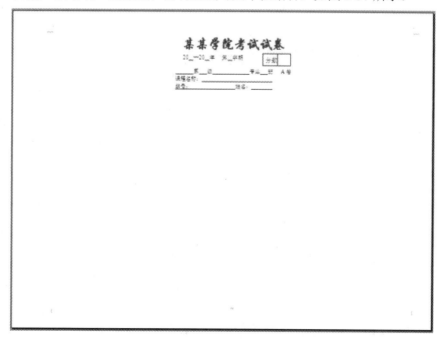

图 3-37　绘制分数框

3. 输入试卷内容并分栏

步骤 1　输入试卷全部内容，然后选中第 1 页和第 2 页的全部内容，如图 3-38 所示。

图 3-38　选中第 1 页和第 2 页的全部内容

步骤 2　切换到"页面布局"面板，单击"页面设置"工具组中的"分栏"按钮，在弹出的列表中选择两栏，分栏后效果如图 3-39 所示。

图 3-39　分栏后效果图

步骤 3　选中剩余内容，按上一步操作对其进行分栏，效果如图 3-40 所示。

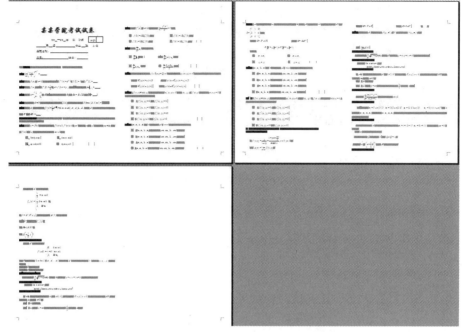

图 3-40　全部分栏后效果图

4．制作边框

选中"插入"面板中"形状"中的矩形，绘制两个"矩形"，将左右两栏的文字框住，并将"矩形"线条颜色设为"灰色"，线性设为"1.5 磅"，填充颜色设为"无颜色"。单击"确定"按钮，效果如图 3-41 所示。

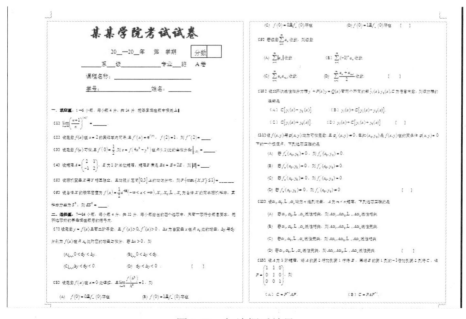

图 3-41　加边框后效果

5. 设置个性化页脚

步骤 1 双击页眉处，弹出"页眉和页脚"工具栏，将其切换到页脚位置。

步骤 2 录入"某某学院统招教务处印制"，并将其调整到左侧边框右下角位置，单击"设计"面板中的"页码"按钮，选择"X/Y"，如图 3-42 所示。然后输入文字，使页码形式为"共 页，第 页"。单击"关闭"按钮，效果如图 3-43 所示。

图 3-42 执行插入页码命令

某某学院统招教务处印刷　　　共 3 页，第 1 页

图 3-43 加入个性化页脚效果图

6. 加入水印

步骤 1 单击"设计"选项卡中的"页面背景"选项组里的"水印"选项，在弹出的列表中选择一种"自定义水印"，如图 3-44 所示。

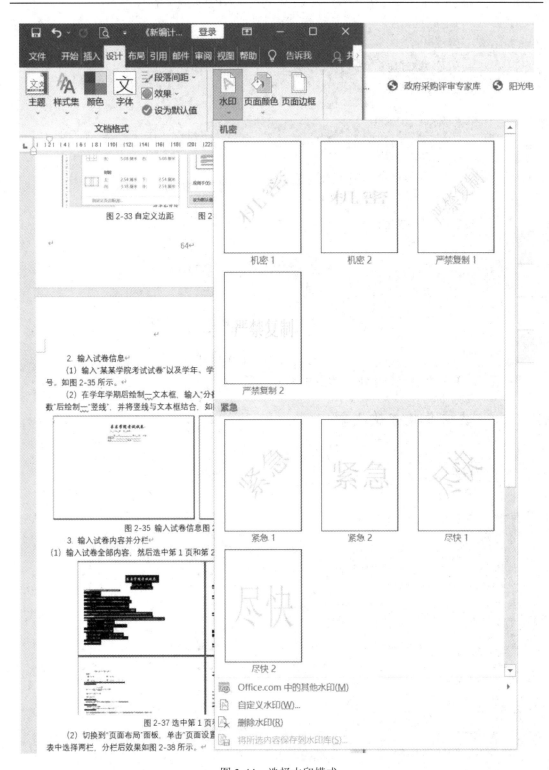

图 3-44　选择水印模式

步骤 2　在弹出的"水印"对话框中选择"文字水印"，然后输入水印文字为"某某学院统招教务处印制"，如图 3-45 所示。

图 3-45　"水印"对话框

步骤 3　单击"确定"按钮，效果如图 3-46 所示。

图 3-46　水印效果图

第4章　电子表格软件 Excel 2016

实验一　Excel 基本操作

【实验目的】

(1) 复习 Excel 基本知识和基本操作方法；
(2) 掌握工作表的建立和基本操作方法；
(3) 掌握和了解工作表的格式化操作。

【实验内容】

(1) 启动、退出 Excel 程序；
(2) 输入数据；
(3) 工作表的基本操作与格式化。

【实验步骤】

1. 启动、退出 Excel 程序

步骤 1　单击"开始"按钮，选择"程序""Microsoft Office""Microsoft Office Excel 2016"，或单击"开始"按钮，选择"运行"对话框的编辑框中输入"Excel"，单击"确定"按钮，启动 Excel 2016。

步骤 2　单击"文件"面板中的"保存"命令，打开"另存为"对话框，选择目标位置和输入文件名"成绩表"，单击"保存"按钮，Excel 以 .xls 格式保存工作簿文件。

步骤 3　单击 Excel 主窗口右上角的"关闭"按钮(或选择"文件"菜单中的"退出"命令)，关闭 Excel。

步骤 4　双击"成绩表.xls"，启动 Excel，实现对已经保存的工作簿文件内容进行编辑、修改。

2. 输入数据

步骤 1　启动 Excel 后，默认创建一个包含三个工作表，名称分别为 Sheet1、Sheet2、Sheet3 的工作表，并且 Sheet1 为默认的活动工作表，默认进行的操作都是在 Sheet1 中操

作的。

步骤 2　在单元格上单击鼠标左键可以激活单元格，通过键盘可以输入数据。

步骤 3　在单元格上双击鼠标左键，可以使单元格进入编辑状态，编辑已有数据。

步骤 4　利用单元格右键菜单中的“插入”选项，可以插入行、列或单元格。

步骤 5　单击最左上角第 1 个单元格，即 A 列与第 1 行交叉点 A1 位置，切换到中文输入法，输入“2021—2022 学年第一学期 213111 班成绩表”，第 2 行从 A2 到 L2 依次输入“学号”“姓名”“数学”“英语”“计算机”“体育”“思想品德”“总分”“平均分”“等级”“总分差距”“名次”。

步骤 6　在第 2 列从 B3 到 B19 中输入多个学生姓名，并依次输入“最高分”“最低分”“及格人数”“不及格人数”“及格率”“不及格率”。

步骤 7　在 A3 中输入 21311101，然后按下 Ctrl 键的同时，向下拖动该单元格黑色边框右下角拖动柄，以每次加 1 的方式填充学生姓名对应的学号。

步骤 8　在各科对应的列下输入 0～100 内的数据表示成绩，效果如图 4-1 所示。

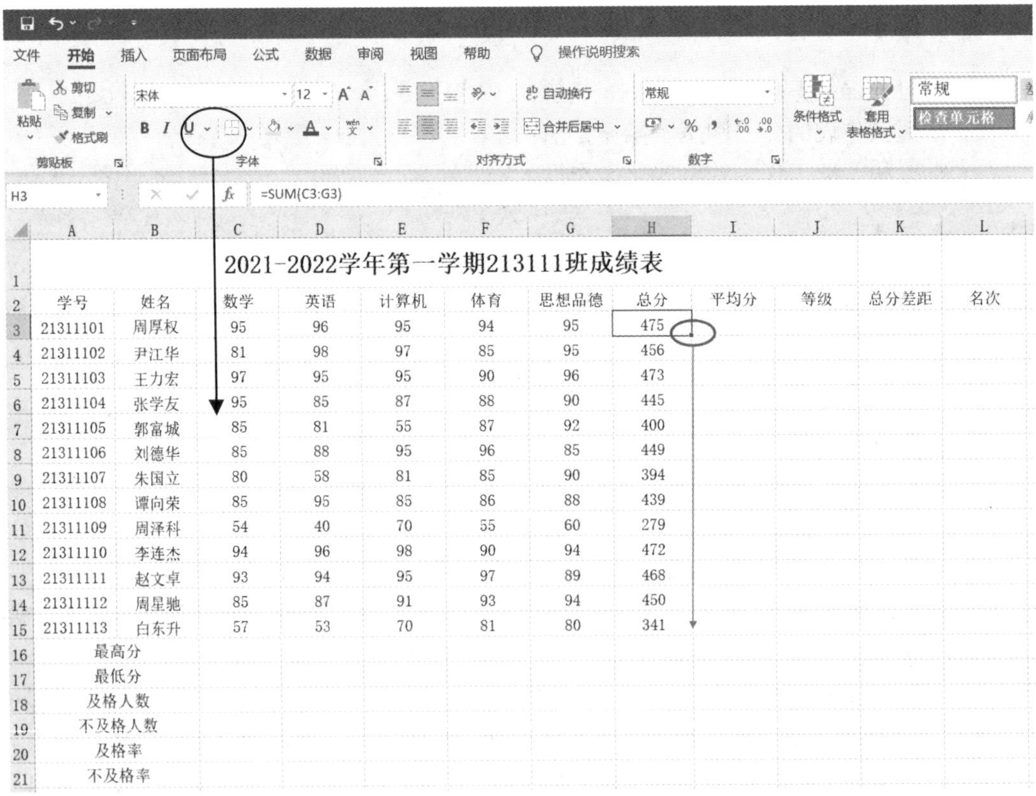

2021-2022学年第一学期213111班成绩表

学号	姓名	数学	英语	计算机	体育	思想品德	总分	平均分	等级	总分差距	名次
21311101	周厚权	95	96	95	94	95	475				
21311102	尹江华	81	98	97	85	95	456				
21311103	王力宏	97	95	95	90	96	473				
21311104	张学友	95	85	87	88	90	445				
21311105	郭富城	85	81	55	87	92	400				
21311106	刘德华	85	88	95	96	85	449				
21311107	朱国立	80	58	81	85	90	394				
21311108	谭向荣	85	95	85	86	88	439				
21311109	周泽科	54	40	70	55	60	279				
21311110	李连杰	94	96	98	90	94	472				
21311111	赵文卓	93	94	95	97	89	468				
21311112	周星驰	85	87	91	93	94	450				
21311113	白东升	57	53	70	81	80	341				
最高分											
最低分											
及格人数											
不及格人数											
及格率											
不及格率											

图 4-1　成绩表数据

3. 管理工作表

步骤 1　在工作表标签“Sheet1”上双击鼠标左键，在工作表标签编辑状态下更改名称为“计算机系”。类似方法双击“Sheet2”“Sheet3”，更改名称为“外语系”“中文系”。

步骤 2　在“中文系”工作表为当前活动工作表状态下，选择“插入”菜单中的“工作表"选项,在"中文系"工作表标签左边插入默认名称的工作表,双击标签更名为"机械系"。

步骤 3　退出工作表标签编辑状态(在其他位置任意单击鼠标左键),在"机械系"标签上按下鼠标左键不放,向右拖动,将其拖动到"中文系"的右边。

步骤 4　在"机械系"标签上单击鼠标右键,在出现的右键菜单中选择"插入"选项,打开 Excel "插入"对话框,从中列出了可选用的 Excel 模板,选择"常用"中的"工作表"选项,单击"确定"按钮。

步骤 5　更改工作表标签为"数学系",利用 ◄ ◄ ► ► 按钮移动工作表标签到合适显示位置,然后移动"数学系"表格到"机械系",如 ◄ ◄ ► ►┃计算机系╱外语系╱中文系╱机械系╲数学系╱。

4. 工作表的格式化

步骤 1　选择第 1 行单元格的 A1 到 L1,字体设为楷体,字号设为 18。

步骤 2　右击选定单元格,在弹出的快捷菜单中选择"设置单元格格式"命令,打开"设置单元格格式"对话框,切换到"对齐"选项卡,如图 4-2 所示。

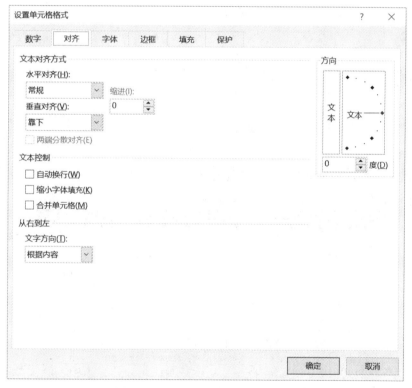

图 4-2　"设置单元格格式"对话框

步骤 3　设置"水平对齐"方式为"跨列居中","垂直对齐"方式为"居中",单击"确定"按钮。

步骤 4　选择 A2 到 L19 单元格,在"设置单元格格式"对话框中设置"对齐"方式,水平方向和垂直方向都为"居中"。

步骤 5　在"设置单元格格式"对话框中单击"边框"选项卡,首先在"样式"列表中单击左侧最下面的细实线,然后单击"内部"按钮,选择线条"样式"为右边列表稍粗实线,最后单击"外边框"按钮，如图 4-3 所示。

步骤 6 选择 A16 到 B19，即"各科最高分""各科最低分""各科及格率""各科优秀率"，然后通过"设置单元格格式"对话框设置水平对齐方式为"居中"。

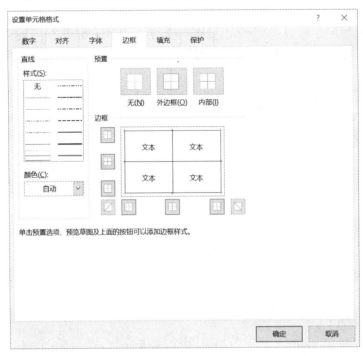

图 4-3 设置边框

5. 新建工作簿与输入学生成绩及单元格合并与格式设置

新建工作簿在第一张工作表中输入学生成绩，如图 4-4 所示。

学号	姓名	语文	英语	数学	思想品德	计算机基础	总分
2021-2022学年第一学期213111班成绩表							
21311101	张莉莉	89	98	78	88	85	438
21311102	武 力	90	87	98	90	91	456
21311103	刘大卫	78	58	89	77	68	370
21311104	周晓理	80	70	92	76	54	372
21311105	何 阳	76	81	55	80	82	374
21311106	李 星	86	73	85	86	89	419
21311107	赵亚平	65	56	67	70	75	333
21311108	王晓丹	74	88	77	78	85	402
21311109	钱 前	93	83	87	82	90	435
21311110	郝 建	82	79	84	87	82	414

图 4-4 学生成绩表

(1) 新建工作簿。单击"开始"→Excel 命令来启动 Excel 2016 并新建一个工作簿。

(2) 输入学生成绩表。在 Sheet1 工作表中输入学生成绩表数据，使用填充柄快速输入学号，在 A3 单元格输入"21311101 "，文本型学号，然后使用该单元格右下角的填充柄填充系列学号。

输入时注意留出标题行，若没有留出标题行，则可单击行标号 1 选中第 1 行，单击右键在快捷菜单中选择"插入"选项，插入标题行。

(3) 单元格合并与格式设置。选中 A1:H1 单元格，单击工具栏中"合并后居中"按钮，合并单元格，然后在合并后的单元格中输入"2021—2022 学年第一学期 213111 班成绩表"；选中标题单元格，使用格式工具栏中的工具按钮设置标题单元格的文字格式为宋体、16 磅字号、加粗、蓝色。

选中 A2:H12 单元格，单击"格式"→"设置单元格格式"，打开"设置单元格格式"对话框，选择"边框"选项卡，设置表格外框为加粗实线，内框为细实线。

选中 A2:H2 单元格，设置表格下框为加粗实线；选择"图案"选项卡，设置单元格底纹颜色为绿色，重复操作，设置 A3:B12 单元格底纹颜色为绿色。

选中 C3:G12 单元格，单击"条件格式"→"新建规则"选项，打开"新建格式规则"对话框设置条件，单元格数值小于 60，单击"格式"按钮，打开"单元格格式"对话框，设置字符颜色为红色。再单击"新建规则"设置条件单元格数值大于等于 90，设置字符颜色为蓝色，单击"确定"按钮完成字符条件格式设置，如图 4-5 所示。单击"管理规则"对所建格式规则进行编辑和管理，如图 4-6 所示。

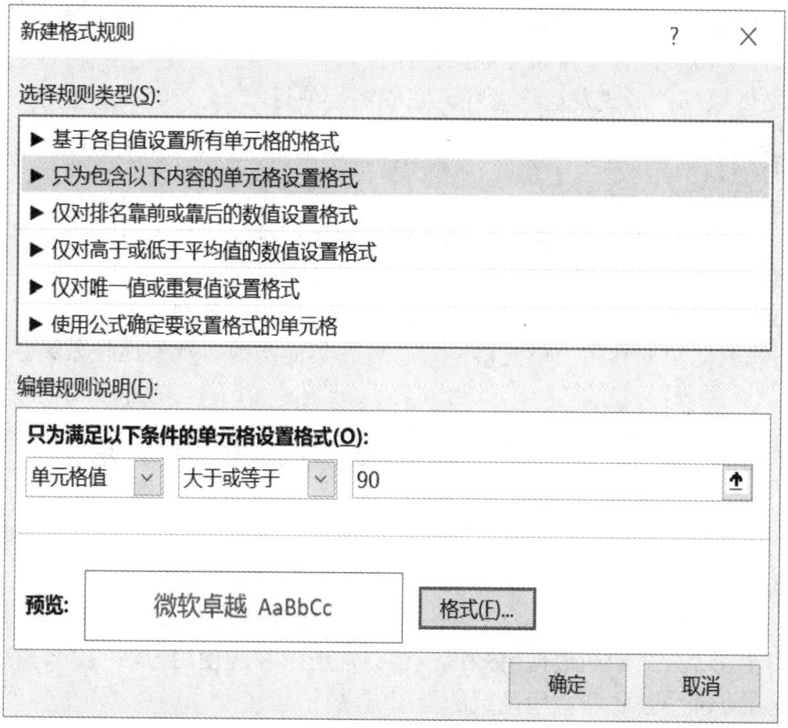

图 4-5　新建条件格式

图 4-6　管理条件格式

6. 插入工作表、工作表重命名和数据复制

单击"插入"→"工作表"菜单选项，插入新的工作表 Sheet4。

选中 Sheet1 工作表，单击右键在快捷菜单中选择"重命名"选项，在原工作表名处修改工作表名为"213111 班成绩"，按回车键完成。

选中 213111 班成绩工作表 A1:H12 单元格，单击右键在快捷菜单中选择"复制"选项，复制学生成绩表，然后选中 Sheet4 工作表 A1 单元格，单击右键在快捷菜单中选择"粘贴"选项，完成 213111 班成绩工作表中的成绩表复制到 Sheet4 工作表中。

7. 保存文档

单击"常用工具栏"中的"保存"按钮，或单击"文件"→"保存"命令，打开"另存为"对话框，在保存位置选项中选择 D 盘，在"文件名"输入框中，输入组合文件名为姓名+成绩表，单击"保存"按钮完成文档保存。

最后将文件以邮件形式发送给老师，完成实验项目。

【思考与练习】

1. 关闭和打开 Excel 工作簿，比较与 Word 关闭与打开 Word 文档的异同。
2. 使用其他方法创建工作簿和工作表，比较与创建 Word 文档的异同。
3. 使用鼠标并借助工作表标签，实现工作簿的移动、复制、剪切工作表操作。
4. 对于输入的数据利用"单元格格式"更改其他参数，观察比较效果。

实验二　Excel 公式与函数的使用

【实验目的】

(1) 复习 Excel 公式和函数使用知识，领会常用函数的使用方法；
(2) 掌握 Excel 中公式和常用函数的使用方法；
(3) 掌握排序方法。

【实验内容】

完成实验一制作的表格中相关数据。

【实验步骤】

1. 计算总分、平均分、最高分、最低分

(1) 单击“总分”列下面的第一个单元格，即 H3，使该单元格成为活动单元格。

(2) 单击“公式”面板中的“自动求和”列表中的“求和”命令，进入公式编辑状态，即公式为“=SUM(C3:G3)”，如图 4-7 所示。按下回车键，得到第一个同学的总分。

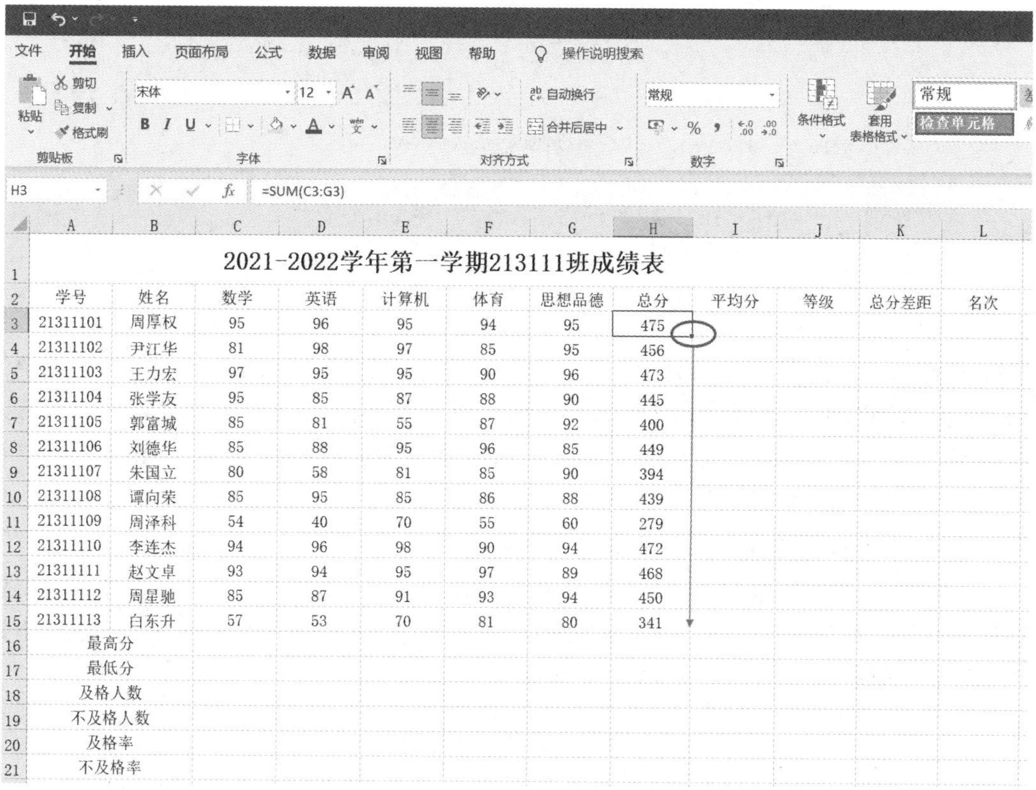

	A	B	C	D	E	F	G	H	I	J	K	L
1	2021-2022学年第一学期213111班成绩表											
2	学号	姓名	数学	英语	计算机	体育	思想品德	总分	平均分	等级	总分差距	名次
3	21311101	周厚权	95	96	95	94	95	475				
4	21311102	尹江华	81	98	97	85	95	456				
5	21311103	王力宏	97	95	95	90	96	473				
6	21311104	张学友	95	85	87	88	90	445				
7	21311105	郭富城	85	81	55	87	92	400				
8	21311106	刘德华	85	88	95	96	85	449				
9	21311107	朱国立	80	58	81	85	90	394				
10	21311108	谭向荣	85	95	85	86	88	439				
11	21311109	周泽科	54	40	70	55	60	279				
12	21311110	李连杰	94	96	98	90	94	472				
13	21311111	赵文卓	93	94	95	97	89	468				
14	21311112	周星驰	85	87	91	93	94	450				
15	21311113	白东升	57	53	70	81	80	341				
16	最高分											
17	最低分											
18	及格人数											
19	不及格人数											
20	及格率											
21	不及格率											

图 4-7　编辑公式

(3) 拖动 H3 左下角的手柄，移动到最后一位同学对应的单元格，如图 4-7 所示。松开鼠标得到表中所有同学的总分。

(4) 单击“平均分”列下面的第一个单元格，即 I3，单击“公式”面板中的“自动求和”列表中的“平均值”，进入平均值函数编辑状态，即公式为“=AVERAGE(C3:G3)”，按下回车键，得到第一个同学的平均分。同样，通过拖动该单元格右下角的手柄，将其拖至最后一个同学，得到表中所有同学的平均分。

(5) 选择“平均分”列的所有单元格，右击选择“设置单元格格式”命令，在打开的“设置单元格格式”对话框中，通过“数字”选项卡选择“分类”为“数值”，小数位数为 2，单击“确定”按钮，如图 4-8 所示。

图 4-8　设置数值格式

(6) 选择"最高分"行"数学"列下面的单元格,选择"自动求和"下拉列表中的"最大值"函数,将其参数更改为"数学"成绩所占有的单元格,如 C3:C15,得到公式为"=MAX(C3:C15)",按下回车键,得到"数学"最高分。通过向右拖动手柄经过所有科目所在的列,得到各科最高分。同样方法得到最低分。

2. 利用 Rank 函数排定总分名次

选择"名次"列下面的单元格 L3,选择"Rank"函数,将其参数一设置为 H3 单元格,参数二设置为"$H$3:$H$15"单元格为绝对引用,参数三设置为"0"降序,通过向下拖动手柄所在的列,得到总分的排名,如图 4-9 所示。

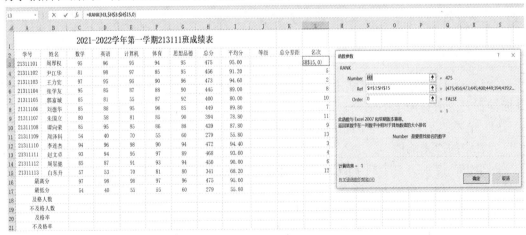

图 4-9　总分排名

3．计算总分差距

总分差距即为全班的最高总分减去当前同学的总分。

(1) 单击选择"总分差距"列下的第一个单元格，即 K3，直接在英文状态下输入"=MAX($H$3:$H$15)-H3"，其中 H3 表示第一位同学的总分，$H$3:$H$15 表示对所有总分的最高分的绝对引用。按下回车键，得到全班最高总分与该同学总分的差。

(2) 拖动单元格 K3 右下角的移动手柄到最后一个同学对应的"总分差距"单元格，松开鼠标得到所有同学的总分差距。

4．计算及格率与成绩等级

(1) 单击"及格率"右边的单元格，即"数学"列与"各科及格率"行交叉的单元格 I3 到 I15。

(2) 选择"公式"面板中的"插入函数"选项，打开"插入函数"对话框，如图 4-10 所示。在"或选择类别"中选择"统计"，在下面的"选择函数"列表中单击"COUNTIF"，单击"确定"按钮。

图 4-10　"插入函数"对话框

(3) 选在"函数参数"对话框中单击"Range"编辑框右边的图标，用鼠标从 C3 拖动到 C15，按下回车键。然后在"Criteria"右边的编辑框中输入">=60"，如图 4-11 所示。单击"确定"按钮，在单元格 C18 中显示"数学"的及格人数。以同样的方法求出不及格人数。

(4) 单击单元格 C20，单元格的公式为"=COUNTIF(C3:C15,">=60")/COUNT(C3:C15)"，求出及格率。以同样的方法求出不及格率。

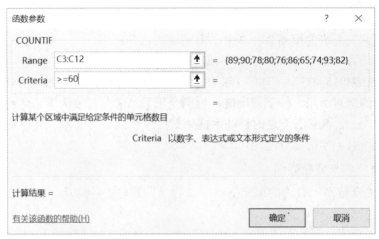

图 4-11　"函数参数"对话框

(5) 单击"开始"面板中"数字"工具栏中的"百分比样式"按钮，并单击两次"增加小数位数"按钮，该单元格显示为 100.00%。向右拖动该单元格移动手柄至最右边的课程。

(6) 按平均分判断成绩的等级。90 分以上为"优"，89～80 分为"良"，79～70 分为"中"，69～60 分为"及格"，小于 60 分为"不及格"。

单击"等级"列下面的第一个单元格，即 J3，在编辑栏中输入公式"=IF(I3>=90，"优",IF(I3>=80,"良",IF(I3>=70,"中",IF(I3>=60,"及格","不及格"))))"，按下回车键。然后拖动其移动手柄到最后一位同学对应的"成绩等级"列，如图 4-12 所示。

2021-2022学年第一学期213111班成绩表

学号	姓名	数学	英语	计算机	体育	思想品德	总分	平均分	等级	总分差距	名次
21311101	周一权	95	96	95	94	95	475	95.00	优	0	1
21311102	尹一华	81	98	97	85	95	456	91.20	优	19	5
21311103	王一宏	97	95	95	90	96	473	94.60	优	2	2
21311104	张一友	95	85	87	88	90	445	89.00	良	30	8
21311105	郭一城	85	81	55	87	92	400	80.00	良	75	10
21311106	刘一华	85	88	95	96	85	449	89.80	良	26	7
21311107	朱一立	80	58	81	85	90	394	78.80	中	81	11
21311108	谭一棠	85	96	85	86	88	439	87.80	良	36	9
21311109	周一科	54	40	70	55	60	279	55.80	不及格	196	13
21311110	李一杰	94	96	98	90	94	472	94.40	优	3	3
21311111	赵一卓	93	94	95	97	89	468	93.60	优	7	4
21311112	周一骏	85	87	91	93	94	450	90.00	优	25	6
21311113	白一升	57	53	70	81	80	341	68.20	及格	134	12
最高分		97	98	98	97	96	475	95.00			
最低分		54	40	55	55	60	279	55.80			
及格人数		11	10	12	12	13					
不及格人数		2	3	1	1	0					
及格率		84.62%	76.92%	92.31%	92.31%	100.00%					
不及格率		15.38%	23.08%	7.69%	7.69%	0.00%					

图 4-12　成绩等级

5. 完成工作表计算

在 Sheet2 工作表中输入以下数据内容：

表 4-1　冰箱销售情况统计表

	A	B	C	D	E	F
1	能达电器门市部第一季度冰箱销售情况统计表					
2	名称	一月（台）	二月（台）	三月（台）	合计	所占比例
3	海尔冰箱	37	42	26	105	0.2205882
4	新飞冰箱	32	20	33	85	0.1785714
5	海信冰箱	28	17	30	75	0.157563
6	美的冰箱	22	36	28	86	0.1806723
7	美菱冰箱	18	22	23	63	0.1323529
8	容声冰箱	15	23	24	62	0.1302521
9					476	

F3　fx　=E3/E$9

(1) 计算每种品牌的"合计"，可用快速计算，鼠标拖动选中 B3:E8 单元格区间，点击常用工具栏中"自动求和"按钮即可完成。

(2) 计算第一季度"总计"，鼠标拖动选中 E3:E9 单元格区间，点击常用工具栏中"自动求和"按钮即可完成。

(3) 计算每种品牌"所占比例"，鼠标选中单元格 F3，输入公式"=E3/E$9"，按下回车键完成，注意总计应为绝对调用，鼠标选中单元格 F3 右下角的填充柄，向下拖动填充完成其他品牌的所占比例的计算。

6. 保存文档

单击"常用工具栏"中的"保存"按钮，或单击"文件"→"保存"命令，打开"另存为"对话框，在保存位置选项中选择 D 盘，在"文件名"输入框中，输入组合文件名为班级+姓名+数据计算，单击"保存"按钮完成文档保存。

最后将工作表以文件的形式发送给老师，完成实验项目。

实验三　数据的图表化与输出

【实验目的】

(1) 复习 Excel 中数据图表化的相关知识与 Excel 的打印、输出方法；
(2) 掌握将 Excel 数据图表化进行数据直观分析的操作方法；
(3) 掌握 Excel 中数据的页面、页眉、页脚设置和打印方法；
(4) 了解 Excel 输出方法。

【实验内容】

(1) 建立嵌入式图表、独立图表工作表和图表的编辑与美化；
(2) Excel 打印方法与输出方法。

【实验步骤】

1. 按单科成绩和学生成绩分别将下面的成绩表数据图表化

(1) 按单科成绩图表化，选中数据区域 C2:G12 单元格，选择"插入"菜单中的"图表"选项，打开"折线图"，再在"子图表类型"中选择"折线图"。

单击"设计"选项卡中的"添加图表元素"按钮选择"图表标题"，设置"图表标题"为"单科成绩折线图"。并通过格式工具栏的比例调整工具调整大小到适合位置。

单击"设计"选项卡中的"添加图表元素"按钮选择"图例"，设置"图表图例"为"右侧"。

(2) 按学生成绩图表化，选中数据区域 C2:G12 单元格，选择"插入"选项卡中的"图表"选项，打开"折线图"，然后在"子图表类型"中选择"带点标记的折线图"。

单击"设计"选择选项卡中的"数据"选择"切换行/列"，设置系列产生选择"行"。

单击"设计"选项卡中的"添加图表元素"按钮选择"图表标题"，设置"图表标题"为"学生成绩折线图"。并通过格式工具栏的比例调整工具调整大小到适合位置。

单击"设计"选项卡中的"添加图表元素"按钮选择"图例"，设置"图表图例"为"右侧"。

单击"设计"选项卡中的"添加图表元素"按钮选择查看"坐标轴""坐标轴标题""数据标签""网格线"等设置方法，如图 4-13 所示。

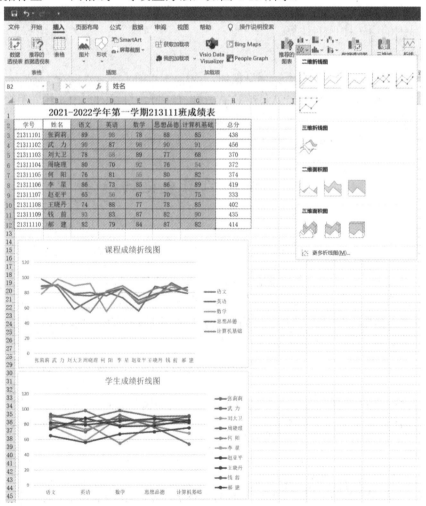

图 4-13　成绩折线图

(3) Excel 打印与输出，选择"文件"选项卡中的"打印"选项，打开 "打印"页面，设置打印参数选择"打印"按钮打印，如图 4-14 所示。

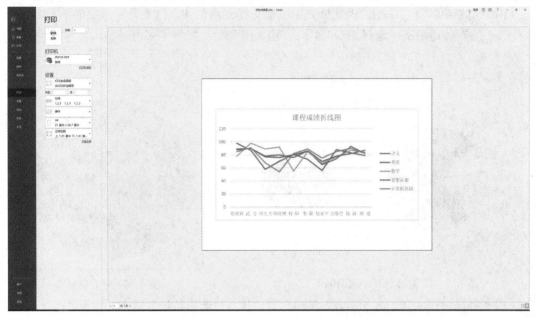

图 4-14　"打印"页面

2. 完成数据图表化设计

表 4-2　家电下乡销售量统计表

	A	B	C	D	E
1	2011年12月三大产品家电下乡销售量统计				
2	指定销售点	产品名	销售量		
3	广合店	彩电	91	广合	350
4		冰箱	70	梅利	295
5		手机	189	新丰	558
6	梅利店	彩电	105		
7		冰箱	55		
8		手机	135		
9	新丰店	彩电	235		
10		冰箱	113		
11		手机	210		

(1) 子母饼图设计应用，选中数据区域 A3:C11 单元格，选择"插入"菜单中的"图表"选项，选择"子母饼图"。

选中数据区域 A3:C11 单元格，选择"插入"菜单中的"图表"选项，打开"图标向导"步骤一的选择"图表类型"为"饼图"，再在"子图表类型"中选择"饼图"。

单击"下一步"，在"数据区域"选择对话框中的"数据区域"一般取默认选择的区域，也可以通过右边的■按钮重新选择，系列产生选择"列"选项。

单击"下一步"，在"图表选项"对话框中，通过"标题"选项卡设置"图表标题"为"家电下乡销售量复合饼图"。

单击"下一步"，在"图表位置"对话框中选择"作为其中的对象插入"，单击"确定"按钮，并通过格式工具栏的比例调整工具调整大小到适合位置，如图 4-15 所示。

(2) 双饼图设计应用，根据需要先求各店的合计数，注意中间不要有空行，如工作表中 D3：E5 单元格区域为新建求和区。

由于是要绘制双层饼图，因此要先绘制最里面一层饼图，这是非常重要的一点。选择 D3：E5，绘制普通饼图，选择图表布局 1，输入图表名，如图 4-16 所示。

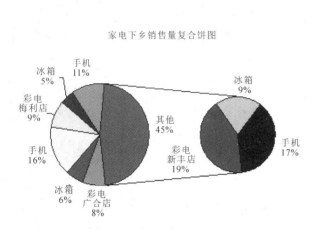

图 4-15　子母饼图　　　　　　　　图 4-16　复合饼图 1

添加外层饼图系列。选择图表，单击右键，执行"选择数据"命令，打开"选择数据"对话框，在"系列"选项卡中添加"系列 2"，其值为 C3:C11，如图 4-17 所示。单击"确定"按钮，关闭"选择数据"对话框。此时可见图表似乎没有任何变化。

图 4-17　复合饼图 2

双击饼图图形，选择系列绘制在"次坐标轴"单选按钮，单击"关闭"按钮，如图 4-18 所示。

在图表中单击右键，执行"选择数据"命令，打开"选择数据"对话框，在"系列2"
选项中将此分类标志选为 B3:B11，单击"关闭"按钮，如图 4-19 所示。

图 4-18　复合饼图 3

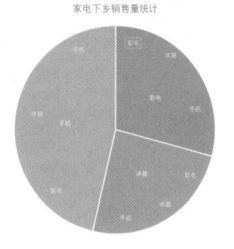

图 4-19　复合饼图 4

选择某一块饼，比如"广和"，按住左键不放，向外拖动该饼，将整个系列一起往外
拖，使整个系列的扇区形状一起缩小到合适的大小，当你认为拖到合适的时候，松开左键
就会发现整个饼图发生变化，如图 4-20 所示。

两次单击该系列饼图的每一块。分别将分离的每块小饼一块一块地拖到饼的中央对
齐，就得到如图 4-21 所示的图表。

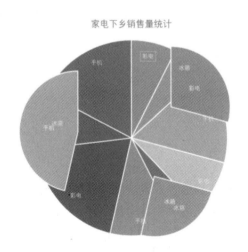

图 4-20　复合饼图 5

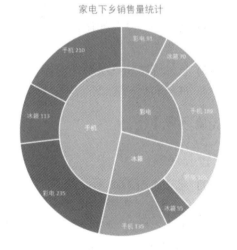

图 4-21　复合饼图 6

3. 保存文档

单击"常用工具栏"中的"保存"按钮，或单击"文件"→"保存"命令，打开"另
存为"对话框，在保存位置选项中选择 D:盘，在"文件名"输入框中，输入组合文件名为
姓名+数据图形化，单击"保存"按钮完成文档保存。

最后将工作表以文件的形式发送给老师，完成实验项目。

【思考与练习】

1. 在创建图表时，对于最后的"图表位置"不改变默认选项，直接单击"完成"按钮，观察图表的位置。

2. 对于创建的图表，双击各个组成部分，进行参数的更改与编辑，并观察、总结结果发生的变化。

3. 怎样实现工作表的部分打印？

实验四　工作表的管理

【实验目的】

(1) 复习工作表的排序、分类汇总、筛选和工作表的冻结与拆分等相关知识；
(2) 掌握 Excel 中排序的方法；
(3) 了解分类汇总的概念与掌握其操作方法；
(4) 了解自动筛选和高级筛选的意义及其操作方法；
(5) 掌握工作簿的冻结和拆分方法及其作用。

【实验内容】

(1) 排序的方法与作用；
(2) 分类汇总的操作方法与作用；
(3) 自动筛选和高级筛选的操作方法与作用；
(4) 冻结和拆分窗口的方法与作用。

【实验步骤】

1. 排序

(1) 建立如图 4-22 所示的"7 月份业绩"Excel 工作表，并设置单元格对齐方式为"居中"对齐，其中"单价"和"合计"列的"数字"格式为"会计专用"。

(2) 单击"合计"列中的任意单元格，单击"升序"按钮，除了第 1 行不动之外，下面的行按照销售"合计"的多少从上到下依次递增的顺序排列。

(3) 单击"单价"所在列的单元格，单击"降序"排列按钮，则数据按照"单价"从高到低排列，其中"合计"栏则在单价相同的情况下保持原来从低到高的顺序排列。

(4) 按两次"Ctrl+Z"键，恢复数据排列为原始排列方式。

(5) 选择"数据"面板中的"排序"按钮，打开"排序"对话框。

	A	B	C	D	E	F
1	业务员ID	姓名	推销产品	数量	单价	合计
2	1001	张三雷	空调	4	￥3,000.00	￥12,000.00
3	1001	张三雷	洗衣机	3	￥1,200.00	￥3,600.00
4	1001	张三雷	电视机	3	￥5,000.00	￥15,000.00
5	1002	李莉莉	空调	1	￥3,000.00	￥3,000.00
6	1002	李莉莉	洗衣机	4	￥1,200.00	￥4,800.00
7	1002	李莉莉	电视机	6	￥5,000.00	￥30,000.00
8	1003	张飞亚	空调	3	￥3,000.00	￥9,000.00
9	1003	张飞亚	洗衣机	2	￥1,200.00	￥2,400.00
10	1003	张飞亚	电视机	5	￥5,000.00	￥25,000.00
11	1004	刘　靓	空调	4	￥3,000.00	￥12,000.00
12	1004	刘　靓	洗衣机	6	￥1,200.00	￥7,200.00
13	1004	刘　靓	电视机	3	￥5,000.00	￥15,000.00
14						

图 4-22　7 月份业绩表

(6) 设置"主要关键字"中选择"单价""排序依据"为"数据",排序方式为"降序"。

(7) 单击"添加条件"按钮,添加"次要关键字"单价,按数值排序,排序方式依次为"升序"。

(8) 以同样的方式添加"次要关键字"业务员 ID,按数值排序,排序方式依次为"升序",如图 4-23 所示。

图 4-23　设置多重排序

(9) 单击"确定"按钮,则首先所有数据行按照"单价"顺序从高到低排列,在"单价"相同的情况下,按照"数量"从低到高排列,在两者都相同的情况下,按照"业务员 ID"从小到大排列。

2. 分类汇总

(1) 单击"分类汇总"按钮,弹出"分类汇总"对话框,选择"分类字段"为"姓名","汇总方式"为"求和","选定汇总项"为"合计",单击"确定"按钮,如图 4-24 所示。

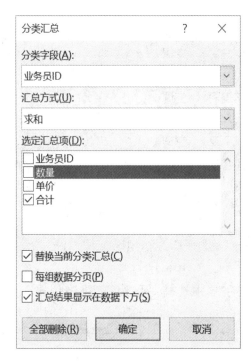

图 4-24　"分类汇总"对话框

(2) 分类汇总结果如图 4-25 所示。

1 2 3		A	B	C	D	E	F	G
	1	业务员ID	姓名	推销产品	数量	单价	合计	
	2	1001	张三雷	电视机	3	￥5,000.00	￥15,000.00	
	3	1001	张三雷	空调	4	￥3,000.00	￥12,000.00	
	4	1001	张三雷	洗衣机	3	￥1,200.00	￥3,600.00	
	5		张三雷 汇总				￥30,600.00	
	6	1002	李莉莉	电视机	6	￥5,000.00	￥30,000.00	
	7	1002	李莉莉	空调	1	￥3,000.00	￥3,000.00	
	8	1002	李莉莉	洗衣机	4	￥1,200.00	￥4,800.00	
	9		李莉莉 汇总				￥37,800.00	
	10	1003	张飞亚	电视机	5	￥5,000.00	￥25,000.00	
	11	1003	张飞亚	空调	3	￥3,000.00	￥9,000.00	
	12	1003	张飞亚	洗衣机	2	￥1,200.00	￥2,400.00	
	13		张飞亚 汇总				￥36,400.00	
	14	1004	刘靓	电视机	3	￥5,000.00	￥15,000.00	
	15	1004	刘靓	空调	4	￥3,000.00	￥12,000.00	
	16	1004	刘靓	洗衣机	6	￥1,200.00	￥7,200.00	
	17		刘靓 汇总				￥34,200.00	
	18		总计				￥139,000.00	
	19							

Sheet1 / Sheet2 / Sheet3 /

图 4-25　分类汇总结果

(3) 依次单击左边显示控制区域上方的"1""2""3"按钮，或者左边的"＋""－"按钮，观察数据显示区域的变化。

(4) 选择"数据"菜单下的"分类汇总"选项，在"分类汇总"对话框中单击"全部删除"按钮。

3. 筛选

(1) 输入以下数据，并调整格式如图 4-26 所示。

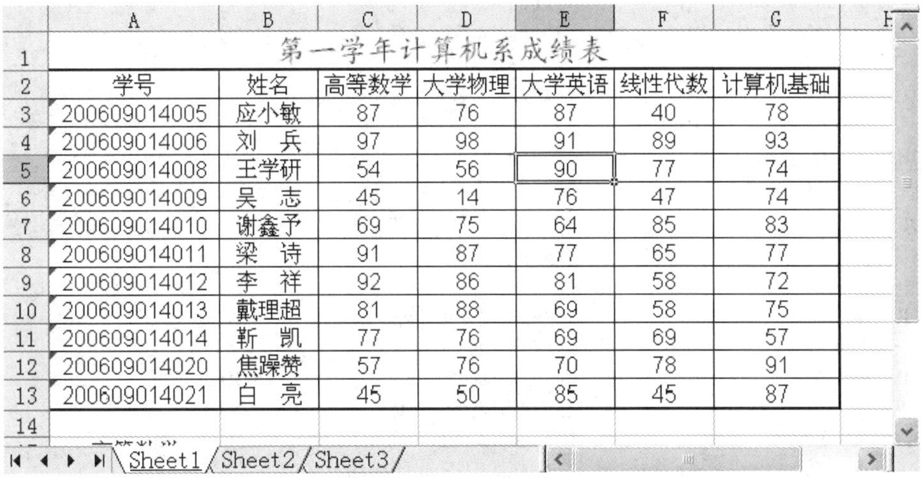

图 4-26　表格数据

(2) 单击第 2 行左边的行标，选择第 2 行。

(3) 选择"数据"面板中的"筛选"按钮，在第 2 行每个单元格右侧出现一个下拉按钮，进入自动筛选状态，如图 4-27 所示。

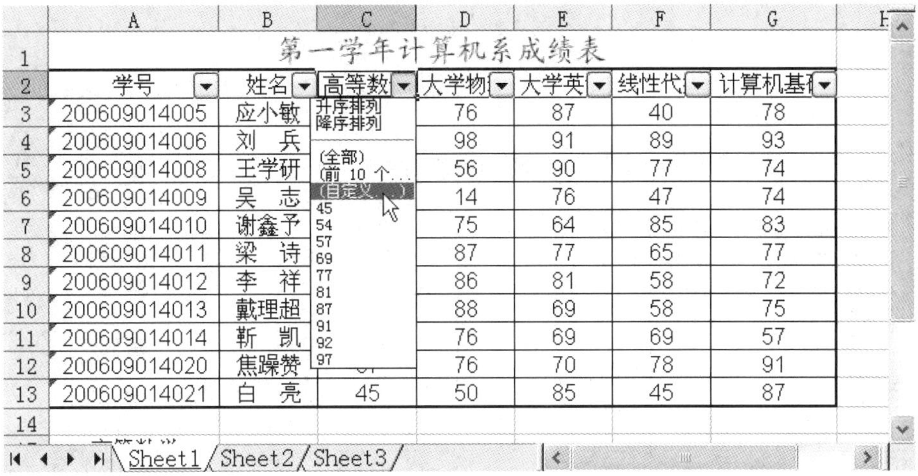

图 4-27　表格数据

4. 拆分和冻结窗口

(1) 选择"窗口"菜单中的"拆分"选项，将当前活动的工作表窗口分为 4 个窗口显示，各个窗口都可以显示同一表格数据，如图 4-28 所示。

(2) 选择"窗口"菜单中的"取消拆分"选项。

(3) 在工作表中单击选择单元格 E4，选择"窗口"菜单中的"冻结窗格"选项。单击滚动条上下左右移动数据，发现 4 行以上，E 列以左数据不发生移动，如图 4-29 所示。

(4) 选择"窗口"菜单中的"取消冻结窗格"选项。

	B	C	D	E		A	B	C	D	E	F
5	江 咏		20	16		200609014002	江 咏		20	16	28
6	侯 序		16	12		200609014003	侯 序		16	12	27
7	陈力阳		8	20		200609014004	陈力阳		8	20	21
8	应小敏		10	12		200609014005	应小敏		10	12	10
9	刘 兵		10	12		200609014006	刘 兵		10	12	16
10	曾 胜		14	16		200609014007	曾 胜		14	16	18
11	王学研		20	16		200609014008	王学研		20	16	20
12	吴 志		14	12		200609014009	吴 志		14	12	14
15	李 祥		18	12		200609014012	李 祥		18	12	12
16	戴理超		20	12		200609014013	戴理超		20	12	14
17	靳 凯		14	20		200609014014	靳 凯		14	20	14
18	张豪瀚		4	16		200609014015	张豪瀚		4	16	20
19	李力昂		10	16		200609014016	李力昂		10	16	25
20	孟 文		18	20		200609014017	孟 文		18	20	21
21	俞 石		20	16		200609014018	俞 石		20	16	25
22	张棕瑶		20	20		200609014019	张棕瑶		20	20	26
23	焦躁赞		18	12		200609014020	焦躁赞		18	12	19
24	白 亮		12	12		200609014021	白 亮		12	12	11
25	薛 禹		10	16		200609014022	薛 禹		10	16	27
26	薛华华		16	16		200609014023	薛华华		16	16	20
27	王湘江		14	12		200609014024	王湘江		14	12	11

图 4-28　拆分窗口

	B	C	D	F	G	H	I	J	K	L
1										
2										平均成绩
3	姓名	成绩	第1题	第3题	第4题	第5题	第6题	第7题		90分上
9	刘 兵		10	16	1	2	0	2		30~39分
10	曾 胜		14	18	0	8	2	2		20~29分
11	王学研		20	20	3	6	6	6		10~19分
12	吴 志		14	14	1	0	4	2		0~9分
13	谢鑫予		18	18	7	8	8	6		最低分
14	梁 诗		20	21	1	8	3	0		最高分
15	李 祥		18	12	8	6	1	1		
16	戴理超		20	14	2	6	3	1		第1大题0~4分
17	靳 凯		14	14	0	6	7	8		第1大题5~8分
18	张豪瀚		4	20	6	6	4	3		第1大题9~12分
19	李力昂		10	25	8	8	2	6		第1大题13~16分
20	孟 文		18	21	1	8	3	2		第1大题17~20分
21	俞 石		20	25	8	8	8	8		
22	张棕瑶		20	26	8	4	4	3		第2大题0~4分
23	焦躁赞		18	19	8	8	2	5		第2大题5~8分
24	白 亮		12	11	0	6	6	5		第2大题9~12分
25	薛 禹		10	27	8	8	7	1		第2大题13~16分
26	薛华华		16	20	1	6	4	0		第2大题17~20分

Grade Sheet / 两次成绩对照

图 4-29　冻结窗格

5. 按表样式建立工作表数据库

使用数据清单建立工作表数据库，如图 4-30 所示建立工作表表头，即数据库的字段名。单击工作表表头下任一单元格，选择"数据"菜单中的"记录单"，点击"确定"按钮，打开"数据清单"对话框。输入记录内容后点击"新建"按钮添加记录。单击"关闭"按钮退出。

图 4-30　工作表数据库

6. 工作表数据的管理

(1) 数据排序，光标选定在排序数据的任意单元格，如单元格 B5，单击"排序和筛选"→"自定义排序"菜单命令，打开"排序"对话框，选择排序主要关键字为"销售时间"，添加次要关键字为"商品名"，添加次要关键字为"销售利润"，排序方式为"降序"，如图 4-31 所示。单击"确定"按钮即可完成排序。工作表重命名为"排序"。

(2) 数据分类汇总，复制"排序"工作表中数据到 Sheet2，完成以"商品名"为关键字的排序。

选中单元格 B5，单击"数据"→"分类汇总"命令，打开"分类汇总"对话框，如

图 4-32 所示选择分类汇总选项，单击"确定"按钮显示分类汇总结果，如图 4-33 所示。工作表重命名为"分类汇总"。

图 4-31　数据排序

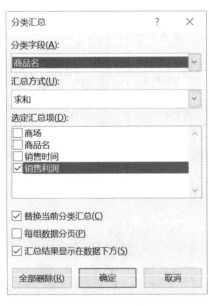

图 4-32　数据分类汇总　　　　　　　　　　　图 4-33　分类汇总结果

(3) 自动筛选，复制"排序"工作表中数据到 Sheet3，单击数据区中的一个单元格，如单元格 B5，单击"数据"→"筛选"菜单命令，为各数据关键字添加"筛选器"，点击"销售利润"筛选器下拉菜单选择"数字筛选"→"自定义筛选"命令，打开"自定义自动筛选方式"对话框，选择输入销售利润大于或等于 10 万元的筛选条件，单击"确定"按钮显示筛选结果，如图 4-34 所示。

工作表重命名为"自动筛选"。

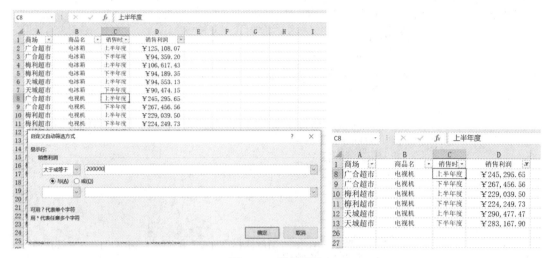

图 4-34　数据筛选

（4）高级筛选，插入一张新工作表 Sheet4，复制"排序"工作表中数据到 Sheet4，如图 4-35 所示，在数据区下方空 1 行的位置创建高级筛选条件区。

27	商场	商品名	销售时间	销售利润
28			上半年度	>=200000

图 4-35　高级筛选条件区

选中数据区中的一个单元格确定列表区，如单元格 B5，单击"数据"→"筛选"→"高级筛选"菜单命令，打开"高级筛选"对话框，在列表区域输入"$A$1:$D$25"、条件区域输入"$A$27:$D$28"，单击"确定"按钮显示筛选结果，如图 4-36 所示。

工作表重命名为"高级筛选"。

图 4-36　显示筛选结果

（5）数据透视表与透视图，插入一张新工作表 Sheet5，复制"排序"工作表中数据到 Sheet5，工作表重命名为"数据源"，单击数据区中的一个单元格选定要创建透视表的数据区域，单击"插入"→"数据透视表或数据透视图"菜单命令，打开"创建数据透视表"对话框，选定数据区域为自动默认区域，单击"确定"按钮，在如图 4-37 所示的对话框中选择"布局"选项，在"布局"对话框中将"商场"拖到"页"，将"商品名"拖到"列"，将"销售时间"拖到"行"，将"销售利润"拖到"数据"，单击"确定"按钮退出布局，单击"完成"按钮在新工作表中生成透视表，如图 4-38 所示。

将新工作表重命名为"透视表"。

图 4-37 透视表显示位置

图 4-38 透视表布局与数据透视表

单击"数据透视表"工具栏中的"数据透视图"生成数据透视图，重命名工作表为"透视图"，如图 4-39 所示。

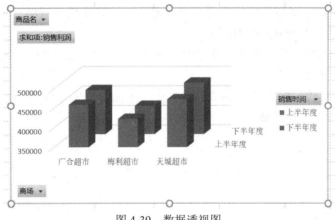

图 4-39　数据透视图

7. 保存文档

单击"常用工具栏"中的"保存"按钮，或单击"文件"→"保存"命令，打开"另存为"对话框，在保存位置选项中选择 D 盘，在"文件名"输入框中，输入组合文件名为姓名+数据管理，单击"保存"按钮完成文档保存。

最后将表格以邮件形式发送给老师，完成实验项目。

【思考与练习】

1. 对一个数据表格，设置不同的关键字进行排序，并观察排序结果的变化。

2. 通过"自动筛选"选择不同三门课程满足一定条件的记录显示，显示每门课程前 10 名的同学，并将其信息复制到其他电子表格中。

3. 数据分析题。

部分城市消费水平(分值)抽样调查

地区	城市	食品	服装	日常生活用品	耐用消费品
东北地区	沈阳	89.50	97.70	91.00	93.30
东北地区	哈尔滨	90.20	98.30	92.10	95.70
东北地区	长春	85.20	96.70	91.40	93.30
华北地区	天津	84.30	93.30	89.30	90.10
华北地区	唐山	82.70	92.30	89.20	87.30
华北地区	郑州	84.40	93.00	90.90	90.07
华北地区	石家庄	82.90	92.70	89.10	89.70
华东地区	济南	85.00	93.30	93.60	90.10
华东地区	南京	87.35	97.00	95.50	93.55
西北地区	西安	85.50	89.76	88.80	89.90
西北地区	兰州	83.00	87.70	87.60	85.00
平均消费					

(1) 计算平均值：使用"AVERAGE()"函数分别计算各地区的食品、服装、日常生活用品和耐用消费品的平均消费水平。

(2) 数据筛选：分别使用自动筛选和高级筛选方式筛选出"服装"大于或等于 95.00 并且"耐用消费品"大于 90.00 的记录。

(3) 分类汇总：以"地区"为分类字段，将"食品""服装""日常生活用品"和"耐用消费品"进行"求和"分类汇总。

4．尝试将【实验步骤】中"高级筛选"中设置的三个条件放到一列，观察其显示结果。通过"高级筛选"将只要有一门功课为 90 分的同学全部列出来。

第5章　演示文稿软件 PowerPoint 2016

实验一　　PowerPoint 的基本操作

【实验目的】

(1) 复习 PowerPoint 基本知识与相关操作方法；

(2) 掌握 PowerPoint 演示文稿的创建、保存与关闭操作方法；

(3) 掌握 PowerPoint 中版式格式化与文本的添加方法；

(4) 掌握幻灯片的添加、删除与位置调整方法；

(5) 掌握 PowerPoint 中图片添加与编辑技巧。

【实验内容】

(1) 新建演示文稿与演示文稿的保存与 PowerPoint 程序的退出；

(2) PowerPoint 版式的选择与文本的添加与格式设置；

(3) 幻灯片的添加、删除与位置的改变；

(4) 插入图片。

【实验步骤】

1. 启动和退出 PowerPoint

(1) 单击"开始"按钮，选择"程序"→"Microsoft Office"→"Microsoft Office PowerPoint 2016"，或者单击"开始"按钮，选择"运行"对话框的编辑框中输入 "PowerPoint"，单击"确定"按钮，启动 PowerPoint 2016 程序，如图 5-1 所示。

(2) PowerPoint 以默认版式创建一只包含一张幻灯片的空白演示文稿。

(3) 选择"文件"面板中的"保存"选项，打开"另存为"对话框，输入文件名，如 "我的第一个演示文稿"，单击"保存"按钮，则得到后缀名为 .pptx 的演示文稿文件。

(4) 选择"文件"面板中的"关闭"命令可以关闭当前演示文稿编辑窗口。

(5) 选项"文件"面板中的"打开"命令打开"打开"对话框，选择 .pptx 格式的文件，单击"打开"按钮可以打开该演示文稿进行编辑修改。

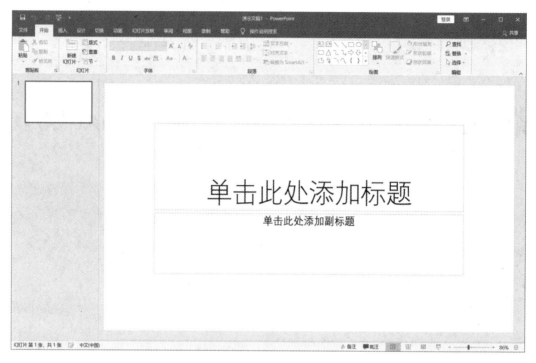

图 5-1　PowerPoint 工作界面

(6) 单击窗口右上角的"关闭"按钮，或选择"文件"菜单中的"退出"命令退出 PowerPoint 程序。

2. 文本格式化

(1) 单击幻灯片中的"单击此处添加标题"位置，进入文本框编辑状态，输入文字"我的第一个演示文稿"。

(2) 单击"单击此处添加副标题"位置，进入文本框编辑状态，输入文字"图片欣赏"。

(3) 通过"插入"面板"形状"选项，单击"文本框"按钮，在幻灯片内按下鼠标左键拖动创建一文本框，并输入内容"制作人：自己的姓名"。

(4) 单击最上面的文本框边框，选择文本框，或者直接选择里面的全部文字，通过"格式"工具栏将字体设为楷体、字号设为40，加粗显示，并按下"阴影"按钮。然后单击"绘图"工具栏上的"字体颜色"按钮，选择"其他颜色"选项，在打开的颜色列表对话框中单击蓝色。

(5) 选择第二个文本框文字，字体设为隶书，字号设为88，加粗显示，颜色设置为红色。

(6) 选择第三个文本框文字，字体设为楷体，字号设为36，加粗显示。并设置"制作："文字为蓝色，名字颜色为黑色，并添加下划线。

(7) 调整好三个文本框的位置，并将"图片欣赏"文本框的两端边框移动到幻灯片的左右边沿，然后单击文本框边缘选择文本框。

(8) 单击"开始"面板上的"填充颜色"按钮，选择"填充效果"，在"填充效果"对话框的"渐变"选项卡中，选择"颜色"栏为"预设"，"预设颜色"列表中选择"雨后初晴"，"底纹样式"为水平，"变形"为左下角形状。

3. 插入幻灯片与版式设置

(1) 通过"幻灯片"组。在幻灯片窗格中选择默认的幻灯片，然后在"开始"选项卡中，单击"幻灯片"组中的"新建幻灯片"下拉按钮。例如，选择"标题和内容"即可插入一张新的幻灯片，如图 5-2 所示。

(2) 通过单击右键也可以插入幻灯片。选择幻灯片预览窗格中的某一幻灯片，选中插入的位置，然后单击右键，选择"新建幻灯片"，即可在选择的幻灯片后面插入一张幻灯片，如图 5-3 所示。

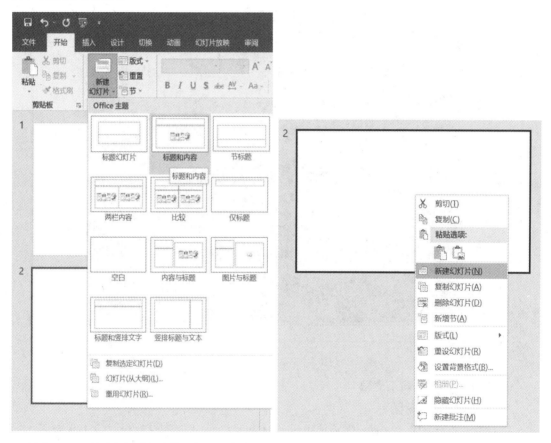

图 5-2　"新建幻灯片"中的"标题和内容"　　　图 5-3　通过右键执行新建幻灯片命令

4. 删除幻灯片

要从演示文稿中删除幻灯片，包含以下两种方法：

(1) 右击删除。选择要删除的幻灯片，单击右键，在弹出的快捷菜单中选择"删除幻灯片"命令即可。

(2) 通过键盘删除。选择要删除的幻灯片，按 Delete 键即可。

5. 复制幻灯片和插入图片

(1) 在 PowerPoint 左侧的幻灯片缩略图窗口单击第 2 张幻灯片，按下"Ctrl+C"键。

(2) 在第 2 张幻灯片后单击，并按下"Ctrl+V"键。

（3）在第3张幻灯片中将文字更改为"日落——晚霞"。

（4）在图片上单击，按下 Delete 键删除图片，选择"插入"菜单"图片"选项下的"来自文件"，选择"Sunset.jpg"，单击"插入"按钮。

（5）更改图片为适当大小并添加边线为6磅，如图 5-4 所示。

（6）按下 F5 键播放幻灯片，单击鼠标或者按下空格键即可浏览幻灯片。

图 5-4　第 3 张幻灯片

6. 制作个人简历演示文稿

个人简历演示文稿效果图，如图 5-5 所示。

依次建立8张幻灯片，演示文稿使用设计模板为 Capsules；幻灯片版式第1张套用"标题幻灯片"版式，第2张套用"标题与文本"版式，第3、7张套用"标题、内容与文本"版式，第4张套用"标题和文本在内容之上"版式，第5、8张套用"标题和内容"版式，第6张套用"标题、文本与内容"版式。参照实验结果，在每张幻灯片中插入相应的剪贴画、图示和表格，输入相应的标题和文字内容，并进行修饰。

7. 制作贺卡

贺卡效果图如图 5-6 所示。

依次制作6张幻灯片，每张幻灯片均使用了不同的设计模板和幻灯片背景；幻灯片版式为"空白"版式，参照样图运用插入图片、剪贴画、文本框、艺术字，并进行修饰和编辑等方法设计出自己的不同风格的贺卡。

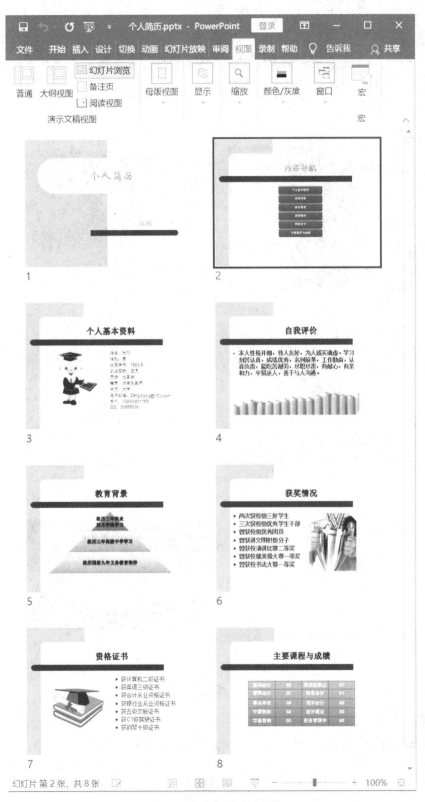

图 5-5　个人简历演示文稿

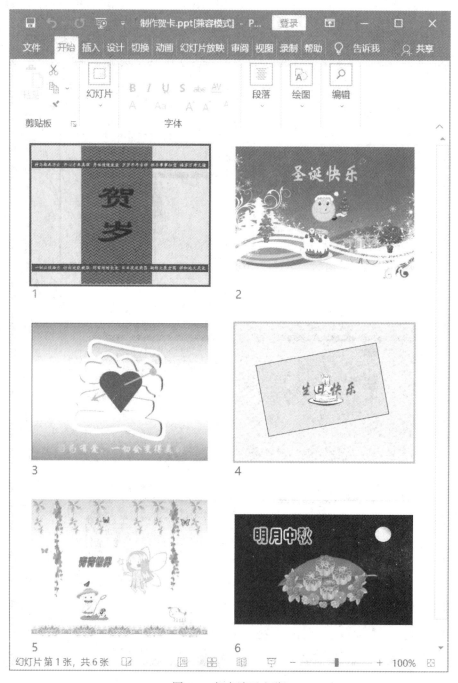

图 5-6 贺卡演示文稿

8. 保存文档

分别保存两个单击演示文稿，单击"常用工具栏"中的"保存"按钮，或单击"文件"→"保存"命令，打开"另存为"对话框，在保存位置选项中选择 D 盘，在"文件名"输入框中，输入组合文件名为姓名+演示文稿(另一个是贺卡)，单击"保存"按钮完成文档保存。

最后将演示文稿以文件的形式发送给老师，完成实验项目。

【思考与练习】

1．利用 Windows 7 的"搜索"功能，搜索本机中的图片文件。继续完成"实验一"中图片的添加，创建自己满意的图片欣赏演示文稿，保存最终完成的效果；并在同学中进行交流。

2．练习利用"根据内容提示向导"快速创建专业演示文稿。

3．练习使用文本框插入文本并进行文本格式化。

4．练习使用不同版式添加新的幻灯片，试讨论使用版式具有什么样的作用？怎么使用版式提高演示文稿的创作效率？

实验二　PowerPoint 动画制作

【实验目的】

(1) 复习 PowerPoint 中动画制作的相关知识；

(2) 掌握幻灯片切换的设置以及作用；

(3) 掌握对象的自定义动画设置方法及其意义。

【实验内容】

(1) 设置幻灯片切换；

(2) 添加自定义动画。

【实验步骤】

1. 设置幻灯片切换动画

我们经常在某些图片浏览软件中看到这样的功能，单击鼠标可以切换图片，如果在一定的时间内不单击鼠标，图片也会自动切换到下一张图片，下面利用 PowerPoint 实现这样的功能。

(1) 打开完成的"我的第一个演示文稿.ppt"文件。

(2) 在幻灯片缩略图窗口中用右键单击任意一张幻灯片，选择"幻灯片切换"选项。

(3) 在打开的"幻灯片切换"任务窗格的"应用于所有幻灯片"的效果列表中选择"随机"，并设置"切片方式"勾选"单击鼠标时"和"设置自动换片时间"，在后面的编辑框中输入 2 秒钟。

(4) 单击"应用于所有幻灯片"，如图 5-7 所示。

(5) 选择幻灯片缩略图的第 1 张幻灯片。

(6) 在"幻灯片切换"任务窗格的"应用于所有幻灯片"的效果列表中选择"盒状展开"，并取消"切片方式"的"每隔"复选框。

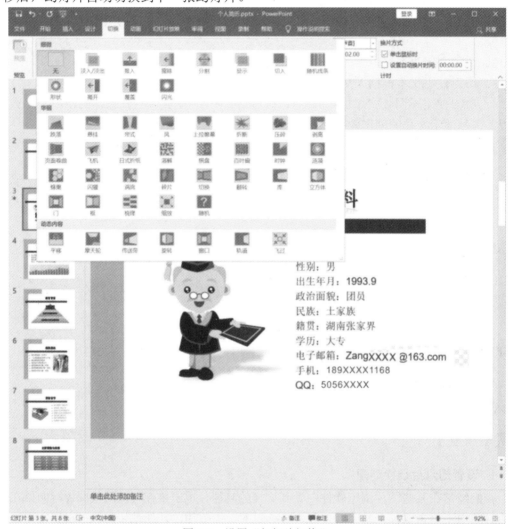

(7) 按下幻灯片缩略图窗口下方分幻灯片视图切换按钮 F5，播放幻灯片。第 1 张幻灯片以盒状方式展开，并且只有单击鼠标，或按键盘键才切换到第 2 张幻灯片。后面的幻灯片将以随机效果显示，在 5 秒内可以按下鼠标或者键盘实现幻灯片的切换，否则在 5 秒后，幻灯片自动切换到下一张幻灯片。

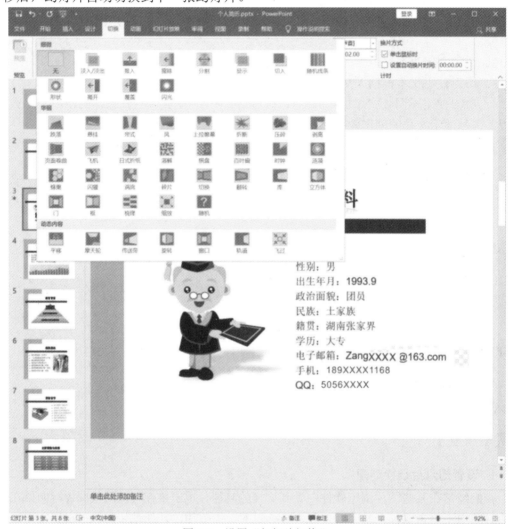

图 5-7　设置"幻灯片切换"

2. 自定义动画设置

(1) 添加动画：在"动画"选项卡，"动画"分组，"动画"下拉按钮，列出了最近使用的动画，可直接选择，快速的重新使用。

(2) 单击"动画"面板中"动画"工具组中列表框右下角的三角按钮，在打开的列表中选择"更多进入效果"，如图 5-8 所示。可设置对象的进入效果，如图 5-9 所示。

(3) 更改退出类动画效果方法同上所述。

(4) 动作路径效果用来控制对象的移动路径，除了常用的直线路径外，还可选择"绘制自定义路径"设置直线、曲线等为动作路径。更多复杂的路径，在图 5-8 所示的列表中选择"其他动作路径"命令，打开"添加动作路径"对话框，如图 5-10 所示。

图 5-8　动画效果

图 5-9　更改进入效果

图 5-10　"添加动作路径"对话框

动作路径分为基本、直线和曲线、特殊 3 大类，选择适宜的路径，单击"确定"按钮即可。

3. 删除动画

每个对象都可以设置自定义动画，一个对象允许设置多个自定义动画，所有设置的动画都在"自定义动画"窗格的列表中，要删除某个动画，先选择它，单击"删除"按钮即可。

4. 动画选项

动画选项根据动画的类型略有不同。以进入效果百叶窗为例，单击选项后面的下拉按钮，可以选择设置效果，如图 5-11 所示。

图 5-11　常见选项设置

在动画列表的动画上右击，展开其快捷菜单如图 5-12 所示。也可设置部分常用选项，以及删除等操作。

图 5-12　动画选项菜单

选择"效果选项"或"计时"可打开"百叶窗"对话框。在"效果"选项卡可设置方向、声音、播放后效果、文本动画方式等。在"计时"选项卡可设置开始方式、延迟时间、速度、重复方式以及触发器等。

5. 演示文稿中动画设置

打开个人简历演示文稿，为演示文稿添加动画效果。

(1) 使用"动画"为对象添加动画效果。选中第 2 张幻灯片，选择标题设置动画，点击"动画"选项卡，在动画选项中选择"飞入"，在效果选项中选择"自右侧"。

(2) 使用"高级动画"添加动画效果。选中第 3 张幻灯片的文本部分，点击"幻灯片放映"菜单的"自定义动画"子菜单，在打开的"自定义动画"任务窗格中点击"添加效果"按钮，选择"进入"→"飞人"动画效果，修改方向为"自右侧"，速度为"快速"，如图 5-13 所示。

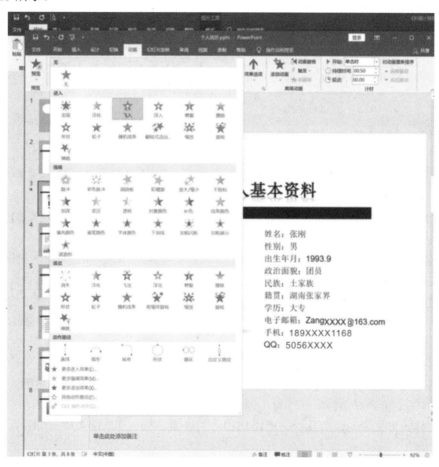

图 5-13　添加高级动画

(3) 编辑动画效果。在任务窗格中选择该动画效果后面的下拉按钮，选择"效果选项"选项，打开"飞人"对话框，在"效果"选项卡中设置声音为"风铃"，在"计时"选项卡中设置开始为"之后"，延时为 0.5 秒，为动画对象添加声音和自动播放延时，如图 5-14 所示。

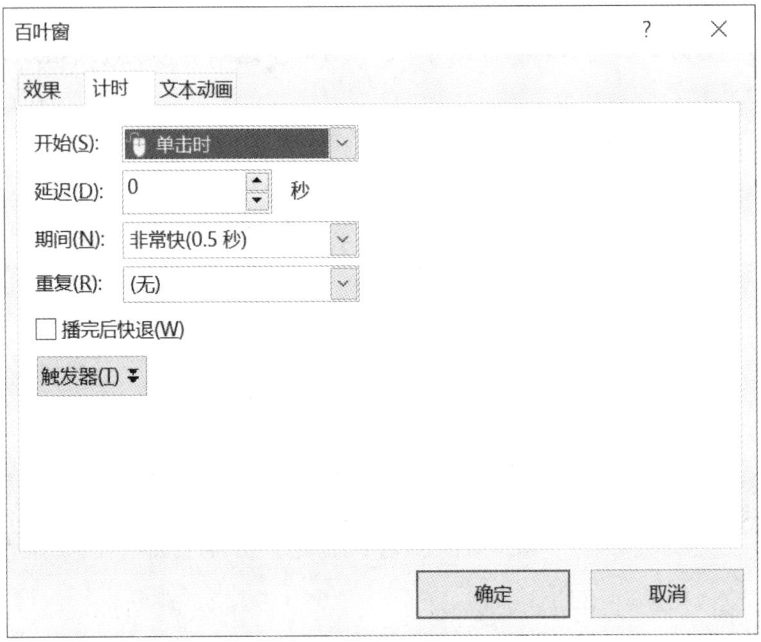

图 5-14　设置自动播放延时

　　(4) 幻灯片切换效果。切换到幻灯片浏览视图，按 Ctrl 键选择第 1、3、5 张幻灯片，点击"幻灯片放映"菜单的"幻灯片切换"子菜单，打开"幻灯片切换"对话框。

　　在任务窗格效果列表栏中选择"盒状展开"、设置速度为"中速"，声音为"打字机"，在"切片方式"栏中选中"每隔"复选框、时间为"00:05"。单击"应用于所有幻灯片"为其他幻灯片设置成该切换效果，单击"播放"按钮，观察幻灯片切换的动画效果。

　　(5) 播放效果设置。添加动作按钮，在每一张幻灯片中添加对应的动作按钮并设置超链接，实现幻灯片之间的跳转，单击"幻灯片放映"→"动作按钮"菜单命令，选择列出的一种动作按钮，在所选幻灯片的右下方合适位置画出按钮图形，然后在弹出的"动作设置"对话框中设置动作即可完成，如图 5-15 所示。具体按钮使用第 1 张为 ▶，第 2、7 张为 ◀.▶ 两个，第 8 张为 ◀。

　　设置超级链接，在第 2 张幻灯片中选择文本框"个人基本资料"文本。单击右键菜单中的"超链接"选项。在"插入超链接"对话框中单击"超链接到"列表中的"本文档中的位置"，在"请选择文档中的位置"的幻灯片列表中选择下一张幻灯片，如图 5-16 所示。

　　用同样的方法为其他的几行文本添加相应的链接，按下 F5 键播放幻灯片，单击不同链接跳转到不同幻灯片。

　　插入声音文件自动播放，首先在单独某张幻灯片中添加声音，单击"插入"→"影片和声音"→"文件中的声音"菜单命令，打开"插入声音"对话框，选择音乐文件的路径(大家可以在网上下载各种音乐)，选择后单击"确定"按钮：单击确定后你会发现在 PowerPoint 中出现了个"小喇叭"图标，在出现的对话框上选择"自动"选项，在演示幻灯片时音乐就会自动播放了。

图 5-15　添加动作按钮

图 5-16　添加超级链接

设置背景音乐，选中"小喇叭"图标，单击鼠标右键，在弹出菜单中选择"自定义动画"，添加声音动作，然后，在任务窗格中选择该声音动作后面的下拉按钮，选择"效果选项"选项,打开"百叶窗"对话框,在"效果"选项卡中设置停止播放的幻灯片张数(要整首歌曲播放到幻灯片完,就填写全部幻灯片的张数),单击"确定"按钮完成设置,如图5-17所示。

图 5-17　效果选项

(6) 保存与发送。将前面建立的演示文稿转换为 PDF 文件,文件名改为"个人简历"。将转换之后的文件保存到其他目录中,例如 D 盘,并进行浏览。

转换为 PDF 文件的操作:单击"文件"→"另存为"选项,打开"另存为"对话框,选择保存位置为 D 盘,并输入文件名为"个人简历",更改保存类型为 PDF(*.pdf),单击"确定"按钮完成设置,如图5-18所示。

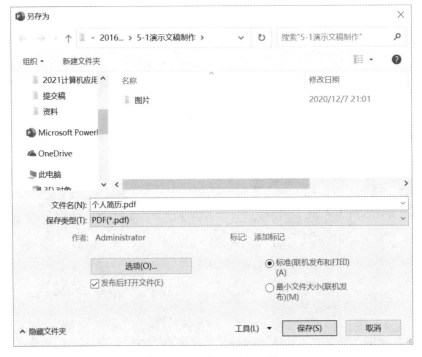

图 5-18　转换为 PDF 文件

　　对前面建立的演示文稿进行打包，要求嵌入 TrueType 字体，包含链接文件和 PowerPoint 播放器。将打包文件复制到一台没有安装 PowerPoint 的计算机上，将其展开，进行播放。单击"文件"→"导出"→"将演示文稿打包成 CD"命令，打开"打包成 CD"对话框，设置复制文件夹或复制到 CD，即可完成操作，如图 5-19 所示。

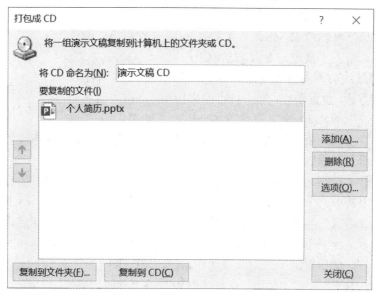

图 5-19　　"打包成 CD"工作界面

6. 幻灯片动画设计制作

动画效果图如图 5-20 所示。

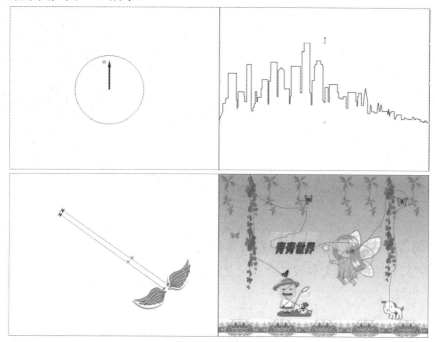

图 5-20　动画效果图

第 1 张幻灯片动画为旋转的指针。制作方法：先在幻灯片中央绘制一个圆，然后在圆中划一个组合箭头，它是由一个箭头和一条直线组成的，如图 5-21 所示。将直线部分的颜色设置为与底色相同的颜色如白色。设置动作，选中组合箭头，点击"动画"选项卡，在打开的"动画"选项卡中选择"动画"→"强调"→"陀螺旋"动画效果，修改数量为"360°顺时针"，速度为"非常慢"，单击"播放"看看动画效果。

图 5-21　添加动作按钮

第 2 张幻灯片动画为城市剪影。制作方法：先在幻灯片中央绘制一个城市剪影，设置动作，选中城市剪影图形，点击"动画"选项卡，在打开的"动画"选项卡中选择"动画"→"进入"→"擦除"动画效果，修改方向为"自右侧"，速度在效果选项中设置为"7 秒"，单击"播放"看看动画效果。

第 3 张幻灯片动画为飞翔。制作方法：先在幻灯片中插入两个翅膀图片，并调整位置。设置动作，选中其中一个翅膀图片，点击"动画"选项卡，在打开的"动画"选项卡中选择"动画"→"进入"→"回旋"动画效果，修改开始为"之前"，速度为"非常快"。用同样方法设置另一个翅膀图片。选中其中一个翅膀图片，添加动作路径，选择"动作路径"→"向上"，然后用鼠标拖动调整动作路径，修改开始为"之前"，路径为"解除锁定"，速度为"中速"。添加动作，选择"强调"→"其他效果"→"放大/缩小"动画效果，修改开始为"之前"，尺寸为"60%"，速度为"0.1 秒"，用同样方法为另一个翅膀图片添加动作。单击"播放"看看动画效果。

第 4 张幻灯片动画为蒙板效果。制作方法：先在幻灯片中插入一幅图片，然后在幻灯片场景中绘制一个同心圆图形用来做蒙板，图形大小为 50 厘米×50 厘米，填充颜色为黑色，形状效果为柔化边缘 25 磅，如图 5-22 所示。添加动作路径，选中蒙板图片，点击"动画"选项卡，选择"动画"→"动作路径"→"自定义路径"，用鼠标在幻灯片图片上画出动作路径。单击"播放"看看动画效果。注意蒙板图形一定要在图片的顶层。

图 5-22　蒙板图形

7. 保存文档

分别保存两个演示文稿，单击"常用工具栏"中的"保存"按钮，或单击"文件"→"保存"命令，打开"另存为"对话框，在保存位置选项中选择 D 盘，在"文件名"输入框中输入组合文件名为班级+姓名+演示文稿(另一个是贺卡)，单击"保存"按钮完成文档保存。

最后将幻灯片文档以邮件形式发送给老师，完成实验项目。

【思考与练习】

1. 制作一倒计时的动画效果，数字从"10"每隔 1 秒变化直到"0"，然后出现幻灯片的第一个画面。

2．在一张幻灯片中通过设置自定义动画，通过不断单击鼠标显示多幅图片或每隔两秒钟显示一幅不同的图片。

3．通过计时控制，设置一个文字闪烁三次，以起到强调的作用。

4．通过路径动画制作一个小球做抛物线运动。

实验三　PowerPoint交互功能制作

【实验目的】

(1) 复习 PowerPoint 中超级链接相关知识与自定义放映知识；

(2) 掌握利用超级链接和动作设置的方法建立幻灯片之间的交互跳转功能；

(3) 掌握利用自定义动画实现根据需要有选择性地播放幻灯片内容。

【实验内容】

(1) 超级链接设置；

(2) 自定义动画设置。

【实验步骤】

1．设置超级链接

(1) 新建 PowerPoint 空白演示文稿，通过文本框添加相关内容如图 5-23 所示，并通过"绘图"工具栏上的"绘图"按钮菜单中的"对齐或分布"选项，调整各内容位置。

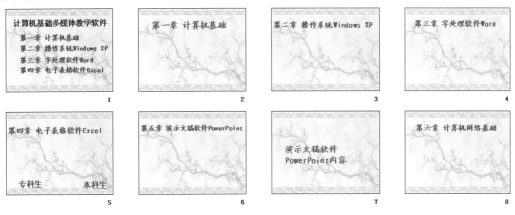

图 5-23　幻灯片内容

(2) 在第 1 张幻灯片中单击选择"第一章　计算机基础"文本框。

(3) 单击右键菜单中的"超链接"选项。

(4) 在"插入超链接"对话框中单击"链接到"列表中的"本文档中的位置"，在"请选择文档中的位置"的幻灯片列表中选择"下一张幻灯片"，如图 5-24 所示。

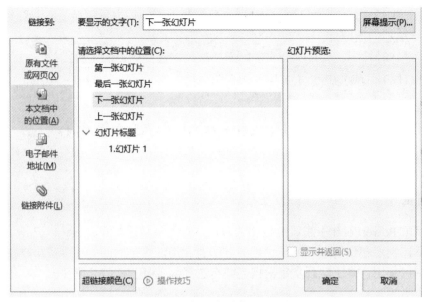

图 5-24 "插入超链接"对话框

(5) 单击"确定"按钮。利用同样的方法为"第二章 操作系统 Windows XP"链接到"幻灯片 3","第三章 字处理软件 Word"链接到"幻灯片 4","第四章 电子表格软件 Excel"链接到"幻灯片 5"。

(6) 在第 2 张到第 5 张幻灯片中的右下角位置添加一个返回第 1 张幻灯片的按钮。选择"幻灯片放映"菜单"动作按钮"选项中的"动作按钮:第一张"按钮,在幻灯片右下角位置按下鼠标左键拖动到合适大小。

(7) 按下 F5 键从头开始播放幻灯片。单击不同链接跳转到不同幻灯片,单击右下角的按钮则又回到第 1 张幻灯片。

2. 自定义动画

(1) 选择"幻灯片放映"中的 "自定义放映"选项,打开"自定义放映"对话框,如图 5-25 所示。

图 5-25 "自定义放映"对话框

(2) 单击"新建"按钮,打开"定义自定义放映"对话框,在左边的列表中将选项"幻灯片 7""幻灯片 9"通过单击中间的"添加"按钮添加到右边列表框中,将幻灯片放映名称设置为"专科生"，单击"确定"按钮，如图 5-26 所示。

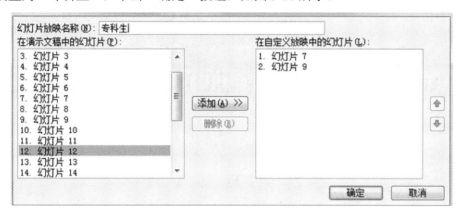

图 5-26　"定义自定义放映"对话框

(3) 在"自定义放映"对话框中再次单击"新建"按钮，将"幻灯片 8"添加到右边列表中，并更名为"本科生"，单击"确定"按钮。

(4) 在第 5 张幻灯片中选择"专科生"文本框。

(5) 在文本框上单击右键，选择"超链接"选项，在"插入超链接"对话框"链接到"列表中选择"本文档中的位置"，在右边的列表中单击选择"自定义放映"中的"专科生"，并勾选"显示并返回"复选框。

(6) 单击"屏幕提示"按钮，在出现的编辑框中输入"专科生选学内容"，单击"确定"按钮。

(7) 在幻灯片缩略图列表窗口中，按下 Shift 键，单击选择第 6、7、8 三张幻灯片，在选择的幻灯片上单击右键，选择"隐藏幻灯片"。

(8) 在第 5 张幻灯片显示时，单击"从当前幻灯片开始放映"按钮，如果不单击"专科生"和"本科生"文本框所占有的区域范围，则幻灯片结束放映。单击"专科生"则显示第 6、7 张幻灯片，并且显示完成后重新回到第 5 张幻灯片；单击"本科生"则显示第 8 张幻灯片，并且显示完成后重新回到第 5 张幻灯片。

(9) 最后将文件保存为"计算机基础多媒体教学软件.ppt"演示文稿文件。

【思考与练习】

1．制作一个教学演示文稿，要求在一个主画面中显示一册书的全部章标题，通过超链接使得单击每个章标题可以链接到该章的小标题演示页面，单击每个小标题可以进入对应的内容演示页面。

2．制作一个集声音、图片、动画于一体的多媒体个人简历演示文稿，并设置电子邮箱或个人主页的超链接。

3．制作一个演示文稿，通过自定义放映使得不同用户可以查看不同内容。没有点击相关链接将不能查看到部分演示文稿内容。

第6章　网络连接和设置及沟通交流

实验一　网络连接

【实验目的】

(1) 熟练掌握有线网络的连接方法；
(2) 熟练掌握无线网络的连接方法；
(3) 认识常用的外部设备。

【实验内容】

(1) 动手连接有线网络的硬件；
(2) 观察计算机的网络连接状态；
(3) 了解动态和静态 IP 地址的设置方法；
(4) 用手机连接一个无线网络；
(5) 观察网络连接后的使用情况。

【实验步骤】

1. 有线连接

将已接入有线网络交换机的网线的另一端接入电脑网口。右击任务栏通知区域的网络连接图标，在弹出菜单中选择"打开'网络和 Internet'设置"，如图 6-1 所示。

图 6-1　"打开'网络和 Internet'设置"对话框

在"设置"窗口中，单击右侧"更改网络设置"下的"更改适配器选项"，如图 6-2 所示。

打开"网络连接"窗口，右键单击"以太网"连接图标，在弹出的快捷菜单中单击"属性"菜单项，如图 6-3 所示。

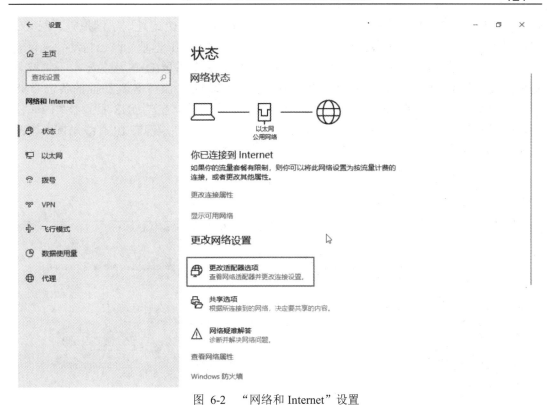

图 6-2　"网络和 Internet"设置

图 6-3　网络连接设置

在打开的"以太网属性"页面中，选中"Internet 协议版本 4(TCP/IPv4)"，左键单击"属性"按钮，如图 6-4 所示。

在打开的"Internet 协议版本 4(TCP/IPv4)属性"窗口中，勾选"使用下面的 IP 地址"，依次输入从网络管理员处或互联网服务提供商获得的 IP 地址、子网掩码、网关。勾选"使用下面的 DNS 服务器地址"(当勾选"使用下面的 IP 地址"时已自动勾选)，输入从网络管理员处或互联网服务提供商获得的首选 DNS 服务器(DNS 服务器用于将域名转换为实际的 IP 地址)的地址(示例中为中国联通的默认 DNS 服务器)，下面的备选 DNS 服务器地址(示例中为 Google 提供的 DNS 服务器的地址)用于首选 DNS 服务器故障时使用，根据需要输入或留空。最后，左键单击"确定"按钮，完成静态 IP 有线局域网络的连接，如图 6-5 所示。

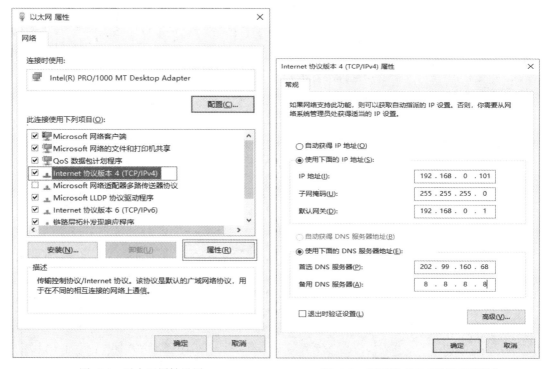

图 6-4　以太网属性设置　　　　　　图 6-5　设置静态 IP 有线网络连接

　　在动态 IP 网络下，将连接到局域网交换机的网线插入电脑网口，则操作系统自动获取局域网络服务器分配的 IP 地址和 DNS，不用进行其他配置，直接上网。查看其网络连接的 Internet 协议版本 4(TCP/IPv4)属性，如图 6-6 所示。

2. 无线连接

　　无线连接分为加密无线网络和开放无线网络两种，其中加密无线网络连接时需要密钥，而开放无线网络可以直接连接但常需二次认证。

　　(1) 连接到加密无线网络。

　　步骤 1　单击任务栏上通知区域的无线连接图标，弹出操作系统自动搜索到的无线接入点设备、其信号强度及是否是开放网络。

　　步骤 2　单击想要连接的无线接入点名称，确保选择"自动连接"，然后选择"连接"。

　　步骤 3　在打开的界面中"输入网络安全密钥"栏输入无线接入点的连接密码，单击"下一步"按钮，则操作系统开始连接到选定的接入点，直到完成。此后操作系统启动后将将自动连接曾经连接过的信号最强的无线网络。

图 6-6　设置动态 IP 有线网络连接

　　(2) 连接到二次认证的无线网络。有的无线网络，比如企事业办公网络和城域网公共无线网络，为方便连接设置为开放网络，即用户连接时不需要密码。而是通过连接后弹出网页输入用户名和密码的方式进行认证或通过微信登录认证。打开浏览器，在自动弹出的认证页面上输入用户名和密码即可。微信和手机号认证的无线网络按相应提示操作即可。

实验二　收发电子邮件

【实验目的】

　　(1) 了解和掌握收发电子邮件；
　　(2) 了解 163 邮箱的使用方法。

【实验内容】

　　(1) 在 163 邮箱中申请一个账户；
　　(2) 登录账户并完成相应邮件账户的配置；
　　(3) 使用邮件应用收一封邮件，并查看接收情况；

(4) 使用浏览器网页直接收发邮件。

【实验步骤】

在日常工作中,使用邮件办公是必备的技能之一。本章学习通过网页邮件账户的申请、在 Windows 10 中添加配置邮件账户和使用 Windows 10 内置邮件应用收发邮件及使用网页收发邮件的过程。

1. 邮件账户的申请

网络上有很多服务商为用户提供电子邮箱服务。下面以申请 163 电子邮箱为例,介绍申请电子邮箱的方法。

步骤 1 启动浏览器,在地址栏中输入 email.163.com,按下回车键,进入网易邮箱网页,如图 6-7 所示。

图 6-7 打开邮箱申请页面

步骤 2 选择要注册的邮箱类型,这里有 163.com、126.com 和 yeah.net 三种选择,其各有特色。这里以注册 163 邮箱为例,左键单击网页上的“去注册”按钮,打开注册网易邮箱网页,如图 6-8 所示。

步骤 3 依次输入自己想注册的邮箱账户信息(如果输入密码时提示该邮件地址已被注册,则更换邮箱账户名称)、密码、确认密码(再输入一遍密码)、验证码和手机号。按网页提示,使用手机编辑短信:222 发送到 10690163222,以确保账号安全。然后,左键单击“已发送短信验证,立即注册按钮”,打开邮箱主页,完成邮箱注册,如图 6-9 所示。

图 6-8　邮箱注册页面

图 6-9　完成邮箱注册并登录邮箱

2. 邮件账户的配置

步骤 1　从任务栏上或开始菜单中找到并左键单击"邮件"应用图标,启动邮件应用。
单击"添加账户",如图 6-10 所示。

图 6-10　首次打开"邮件"应用

　　步骤 2　选择自己的邮箱账户类型，如果不是 Outlook、Gmail 或 Yahoo 等上述邮箱的话，比如 QQ 邮箱，选择"其他账户"，如图 6-11 所示。

图 6-11　选择添加邮件账户类型

步骤 3　在"添加账户"页面，输入电子邮件地址，如图 6-12 所示，比如你的 QQ 邮箱。设置发送邮件时显示你的名称，这个名称会显示在收到你的电子邮件的收件箱中。输入密码时注意，这里的密码不是你的 QQ 邮箱的登录密码，而需要填入 QQ 邮箱提供给第三方邮件应用的授权码。授权码是用于登录第三方邮件客户端的专用密码，为了保障用户邮箱的安全，QQ 邮箱提供了 POP3/IMAP 服务的开关。系统默认设置是"关闭"的，在用户需要这些功能时请"开启"这些服务，开启这些服务时会获得授权码。

图 6-12　添加其他邮件账户

得到授权码的方式如下：

步骤 1　首先，打开浏览器，登录自己的 QQ 邮箱，进入设置-账户下，如图 6-13 所示。

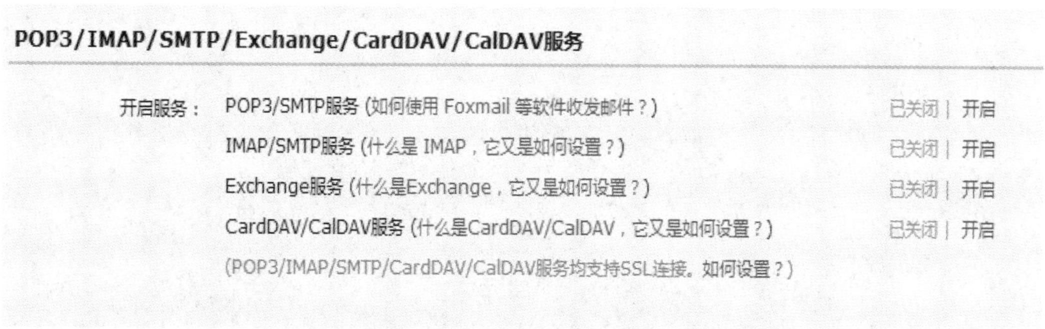

图 6-13　QQ 邮箱账户服务设置

步骤 2　开启相应服务，以开启 POP3/SMTP 服务为例，选择其后面的"开启"选项。

步骤 3　根据页面提示，通过邮箱绑定手机验证密保手机，如图 6-14 所示。

图 6-14　邮箱配置验证授权

步骤 4　通过验证后，得到 QQ 邮箱的第三方授权码，如图 6-15 所示。

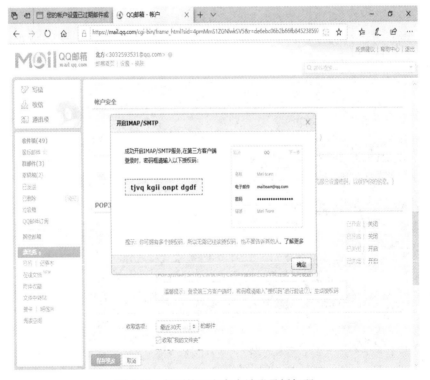

图 6-15　得到第三方客户端登录授权码

步骤 5　切回到 Windows 10 邮件添加账户窗口，在"密码"处填入上述授权码，单击"登录"按钮，完成添加邮箱，如图 6-16 所示。

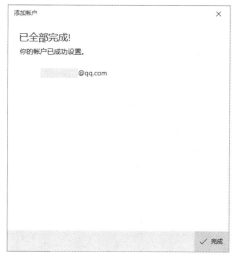

图 6-16　完成添加邮件账户

步骤 6　单击"完成"按钮，进入收件箱界面，可查看收到的邮件。

3. 使用邮件应用收发邮件

步骤 1　启动邮件应用，选择邮件账户，如图 6-17 所示，单击左侧边栏的"新邮件"，则打开撰写新邮件页面，输入收件人的电子邮件地址、主题和正文。

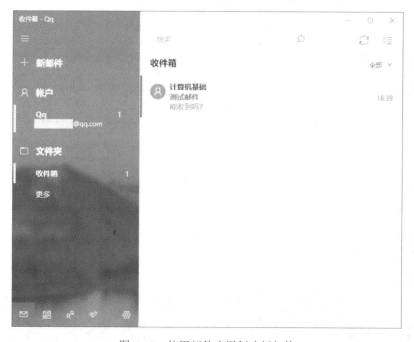

图 6-17　使用邮件应用创建新邮件

步骤 2　在邮件撰写页面，输入收件人的电子邮件地址和主题、撰写邮件正文，如图 6-18 所示。

步骤 3　在编辑区切换到"插入"选项卡，可插入文件、表格、图片和表情符号等，如图 6-19 所示。

图 6-18　在邮件应用中撰写邮件

图 6-19　撰写邮件时插入文件、表格、图片和表情符号等

步骤 4　切换到"绘图"选项卡，可以添加绘图画面后，手绘图形，如图 6-20 所示。

图 6-20　邮件中插入绘图

步骤 5　切换到"选项"选项卡，可以设置邮件的优先级、使用的语言、进行拼写检查和进行查找等，如图 6-21 所示。

图 6-21　设置邮件选项

步骤 6　最后，左键单击页面右上角的"发送"按钮，完成邮件的撰写和发送。

4. 使用网页收发邮件

除了通过邮件应用方便的收发邮件，还可以通过浏览器网页直接收发邮件。下面以 QQ 邮箱为例，通过浏览器说明收发邮件的步骤：

步骤 1　打开浏览器，在地址栏中输入 mail.qq.com。打开 QQ 邮箱登录页面，如图 6-22 所示。

图 6-22　QQ 邮箱登录界面

步骤 2　单击"QQ 登录"，输入 QQ 号或邮箱或手机号和密码，然后单击"登录"。或单击"扫码快捷登录"，使用 QQ 手机版扫码登录。如果微信与 QQ 号绑定的话，还可以单击"微信登录"，通过手机微信扫描二维码登录，进入 QQ 邮箱页面，如图 6-23 所示。

图 6-23　进入 QQ 邮箱

步骤 3 如要撰写发送邮件，单击页面左侧窗格中的"写信"按钮，打开写信界面，如图 6-24 所示。

图 6-24 在网页 QQ 邮箱中撰写新邮件

步骤 4 在"收件人"栏中输入对方的电子邮件地址，或从页面右侧的"通讯录"列表中选择已存在的收件人。在"主题"栏中输入邮件的主题。在"正文"区域输入邮件的正文。如需添加文件作为附件的话，单击"主题"栏正文的"添加附件"，在选定的位置中找到要添加的文件，选择"打开"即可。

步骤 5 邮件撰写完毕后，单击"发送"按钮，即完成了邮件的撰写和发送。

若要接收邮件，单击邮箱页面左侧窗格中的"收件箱"，页面中部显示收件箱中收到的邮件列表，查看某一封邮件，在该邮件上单击即打开邮件阅读页面。查看邮件后，单击"回复"按钮即可回复该封邮件。

实验三 移动设备协同

【实验目的】

(1) 了解微信 PC 版的安装与使用方法；
(2) 了解 QQ PC 版的安装与使用方法。

【实验内容】

(1) 软件的下载与安装；

(2) 掌握软件的登录方法；

(3) 熟练掌握微信电脑端与移动端发送文件互传技术；

(4) 熟练掌握 QQ 电脑端向移动端发送文件互传技术。

【实验步骤】

在 Windows 10 中可以通过安装移动端应用的电脑端来实现与移动设备的协同，如文件互传。下面以最常应用的微信和 QQ 为例，说明电脑端与移动端的文件互传方法。

1. 微信 PC 版

(1) 微信 PC 版的下载安装。打开浏览器，在地址栏中输入 https://pc.weixin.qq.com/，单击网页中的"下载"按钮，下载并安装微信 PC 版。或在微软应用商店中搜索"微信"，获取安装包。

单击应用列表中的微信图标，启动微信。在出现的二维码后，用微信手机端扫一扫二维码登录(如果是自己固定的使用计算机，还会出现直接带头像的登录选项)。

(2) 微信电脑端与移动端传送文件。单击聊天列表中的"文件传输助手"，在打开的"文件传输助手"聊天窗口下侧选择"发送文件"图标，如图 6-25 所示。在弹出的打开窗口中浏览选择要发送到移动端的文件，如图 6-26 所示。单击"打开"按钮，返回聊天窗口后，单击聊天窗口下侧的"发送"按钮，则将选中的文件发送到移动端，如图 6-27 所示。在移动端的微信中打开聊天列表中"文件传输助手"，接收电脑端传送过来的文件，如图 6-28 所示。

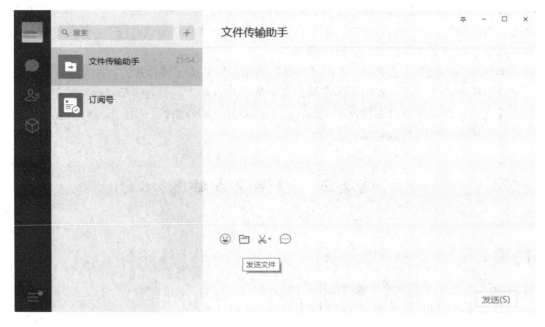

图 6-25　微信电脑端向移动端发送文件 1

(3) 微信移动端与电脑端传送文件。与上述过程类似，微信移动端通过文件传输助手将文件传送到微信电脑端。

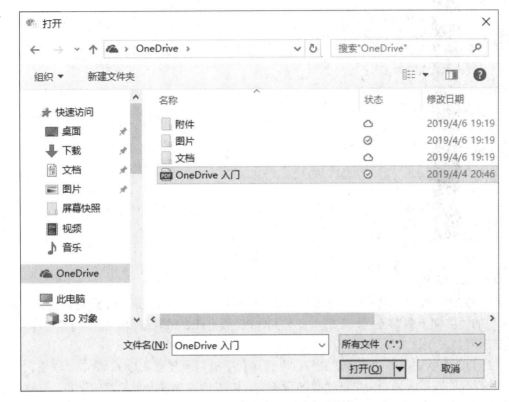

图 6-26　微信电脑端向移动端发送文件 2

图 6-27　微信电脑端向移动端发送文件 3

图 6-28　微信电脑端向移动端发送文件 4

2. QQ PC 版

(1) QQ PC 版的下载安装。打开浏览器,在地址栏中输入 http://im.qq.com/pcqq/,单击网页中的"立即下载"按钮,下载并安装 QQ PC 版。或在微软应用商店中搜索"QQ",获取安装包。

(2) QQ 电脑端与移动端传送文件。电脑端和手机端同时登录 QQ。单击"联系人"按钮,在打开的联系人列表中单击"我的设备",如图 6-29 所示。展开我的设备,左键单击要发送文件到的移动设备,如图 6-30 所示。在弹出的聊天窗口中单击"文件夹"图标,在弹出的文件列表中选择"本机文件"选项,如图 6-31 所示。在弹出的"打开"窗口中选中要发送的文件,左键单击"打开"按钮,如图 6-32 所示,则完成发送文件到移动端操作。

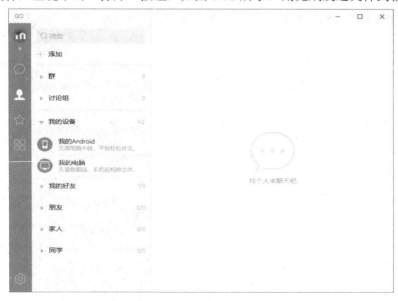

图 6-29　打开"我的设备"选择移动端

图 6-30　在聊天窗口选择"文件夹"图标

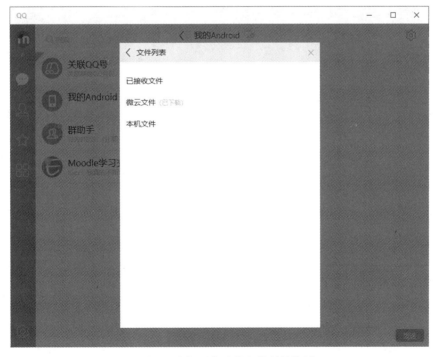

图 6-31　选择要发送的文件所的位置

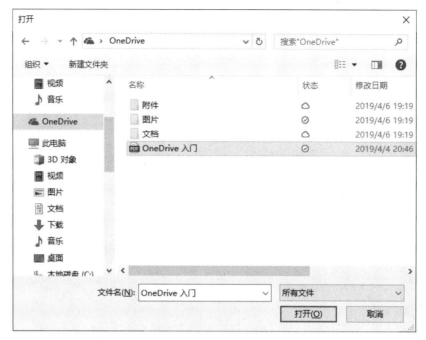

图 6-32　选择要发送的文件

(3) QQ 移动端与电脑端发送文件。电脑和手机上同时登录 QQ，在手机 QQ 上单击"联系人"→"设备"→"我的电脑"。在弹出的聊天窗口中单击"文件夹"图标，选择要发送的文件，再单击"打开"按钮，可将文件发送到电脑端。